누구나 쉽게
계산을 배울 수 있는
Numeracy for All

계산
자신감
개정판

2

수 세기/작은 덧셈/작은 뺄셈

저자 소개

정재석

서울아이정신건강의학과 원장, 소아정신과 전문의, 의학박사
서울대학교 의과대학 및 대학원 졸업
서울대학교병원 정신건강의학과 전문의
서울대학교병원 소아정신과 임상강사
역서 : 『난독증의 재능』, 『비언어성 학습장애, 아스퍼거 장애 아동을 잘 키우는 방법』,
　　　『난독증의 진단과 치료』, 『난독증 심리학』, 『수학부진아 지도프로그램, 매스리커버리』
저서 : 『읽기 자신감』(세트 전 6권)

이희천

좋은 교사 운동 '배움찬찬이' 연구 모임을 하며 수학을 좀 더 쉽게 공부할 수 있는 방법에 대해 공부하고 있다.
기초학력 전문가 과정 수학강사로 활동하고 있으며 현재 인천 소재 초등학교에 근무하고 있다.

정가희

인천의 한 초등학교에서 특수교사로 근무하고 있다.
좋은 교사 운동 '배움찬찬이' 연구 모임을 시작하면서 '모든 아이들에게 공정한 교육적 기회'를 제공하기
위해 고민해왔고 학습부진 및 학습장애 아이들을 위해 제주, 전북 등을 돌며 강의를 해왔다.
좀 더 많은 아이들이 '배움에 대한 자신감'을 갖게 해주기 위해 교재개발에 참여하게 되었다.

계산 자신감 2 수 세기/작은 덧셈/작은 뺄셈 　　　　　　개정판

2판 발행일	2020년 5월 22일
초판 발행일	2017년 9월 29일

지은이	정재석, 이희천, 정가희
펴낸이	손형국
펴낸곳	(주)북랩
편집인	선일영
편집	강대건, 최예은, 최승헌, 김경무, 이예지
디자인	디자인산책
일러스트	정선은, 권노은, 정수현
제작	박기성, 황동현, 구성우, 장홍석
마케팅	김회란, 박진관, 장은별
출판등록	2004. 12. 1(제2012-000051호)
주소	서울시 금천구 가산디지털 1로 168, 우림라이온스밸리 B동 B113, 114호, C동 B101호
홈페이지	www.book.co.kr
전화번호	(02)2026-5777
팩스	(02)2026-5747
ISBN	979-11-6539-191-1 64410 (종이책)
	979-11-6539-192-8 65410 (전자책)
	979-11-6539-188-1 64410 (세트)

(주)북랩 성공출판의 파트너

북랩 홈페이지와 패밀리 사이트에서 다양한 출판 솔루션을 만나 보세요!
홈페이지 book.co.kr　블로그 blog.naver.com/essaybook　원고모집 book@book.co.kr

수학이 어려운 아이들을 위해

2007년부터 병원을 열어 한글을 배우기 힘들어하는 학생들의 치료를 시작했습니다. 외국 난독증 프로그램을 우리나라에 맞게 바꾸고 부족한 부분은 외국인을 위한 한국어 교재로 보충했습니다. 그 결과 좋아지는 아이들이 점점 많아졌습니다. 하지만 수학을 힘들어하는 아이들이 여전히 많았습니다.

아이들에게 도움이 될 만한 수학 프로그램 중에서 맥그로우힐(McGraw-Hill)의 '넘버 월드(Number Worlds)'와 호주와 뉴질랜드에서 사용되고 있는 '매스리커버리(Math Recovery)'가 눈에 들어왔고 이 둘 중에 더 근거가 많아 보이는 '매스리커버리'를 선택했습니다. 김하종 신부님이 김시욱이라는 학생을 소개시켜 주었는데 그는 놀라운 속도와 실력으로 '매스리커버리'를 초벌 번역해 주었습니다. 그의 원고를 바탕으로 2011년, 『수학부진아 지도프로그램 매스리커버리』(시그마프레스)를 번역·출판했습니다. 『수학부진아 지도프로그램 매스리커버리』가 나온 후 두 가지 피드백을 받았습니다. 첫째는 왜 '수학 부진아'라는 제목을 사용해서 책을 들고 다니는 아이들을 부끄럽게 만드느냐 하는 것이었고 둘째는 무엇보다 실제 수업에 사용하기는 어렵다는 것이었습니다. 그래서 실제 수업에 적용할 수 있는 워크북 작업을 시작했습니다. 김하종 신부님의 인도로 반포 성당의 대학생 자원 봉사자인 김미성, 선우동혁, 원선혜, 유재호, 윤여옥, 이영우, 이재한, 이효선 8명은 『수학부진아 지도프로그램 매스리커버리』가 워크북이 되도록 많은 문서 작업을 해 주었습니다.

이렇게 만들어진 워크북을 사용하던 중에 2014년 클레멘츠(Douglas H. Clements)와 사라마(Julie Sarama)의 『Learning and Teaching Early Math: The Learning Trajectories Approach』 2판을 접하게 되었고 아동의 수학 발달단계는 아이를 평가하고 지도할 때 가장 믿을 만한 내비게이션이 될 것으로 보였습니다. 그래서 학교 현장에서 수학을 가르치고 있는 좋은교사운동 배움찬찬이연구회 선생님들과 함께 클레멘츠의 러닝 트라젝토리(The Learning Trajectories) 이론에 맞추어 『수학부진아 지도프로그램 매스리커버리』를 참고로 재구성하였습니다. 그리고 발달단계상에서 필요하지만 『수학부진아 지도프로그램 매스리커버리』에서 다루지 않은 부분이 발견되면 기존의 수감각 교재를 참고로 과제를 다시 개발하였습니다. 이 책이 수학 부진을 예방하고 싶은 6~7살 아동, 기초학력을 보정하려는 초등학교 저학년, 자연수와 사칙연산을 배우고 싶은 모든 아이들을 위한 책이 되길 기대합니다.

감사의 말씀을 드리고 싶은 사람들이 더 있습니다. 더 늦기 전에 부모님께 감사의 말을 전하고 싶습니다. 제 부모님(정현구, 서창옥)은 수학을 좋아하셨습니다. 또 책을 읽고 쓰는 작업에 시간을 많이 쓰는 남편에게 한 번도 불평하지 않고 지원해준 아내에게도 고맙다고 말하고 싶습니다.

2020년 5월

저자 정 재 석

책을 어떻게 사용할까?

발달경로(Learning Trajectories)이론에 따른 교재 구성

본 교재는 학년 군에 따른 초등수학의 교육과정이 아닌 발달경로 이론에 따라 과제가 구성되어 있습니다. 발달경로는 아동의 현재 수준을 진단하고 현재 수준에서 다음 단계로 향상시키기 위해서 필요한 과제를 알려줍니다. 기초 기술 평가에서 80% 이상 맞힌 경우 통과한 것으로 간주합니다. 충분히 학습한 후에는 재평가를 실시하여 통과 여부를 결정합니다.

기존의 연산 교재와 본 교재의 차이점

구 분	기존 교재	계산 자신감
직산 능력	강조되지 않음	최우선 강조
수 세기	별도로 제시하지 않고 연산 상황에서 암묵적으로 나타냄	단계별로 명시적으로 교육
실생활 상황	스토리에 기반하여 글로 제시	도형이나 점을 이용해서 가리거나 더하면서 반구체물 상황으로 제시
과제 형식	문제를 보며 숫자로 제시	교사와 소통하며 말로 불러주기 강조
연산 방법	하나의 방법인 표준 알고리즘을 숙달될 때까지 반복 연습	학생들이 만든 다양한 전략을 소개하고 이해하는 활동을 통해 연산마다 다양한 전략을 유연하게 선택하는 것을 강조

프로그램 구성

계산 자신감은 '이해하기-함께 하기-스스로 하기'로 구성되어 있습니다. '이해하기'에는 교사와 학생이 대화하며 문제를 푸는 방법이 소개되어 있습니다. '이해하기' 단계를 반드시 읽고, QR코드로 링크되어 있는 추가 자료도 활용하시기를 권합니다. 추가 자료에는 학습목표, 발달단계, 지도지침, 평가용 파워포인트, 지도방법 동영상, 정답지가 있습니다. '함께 하기'는 교사와 학생이 함께 활동하는 단계이며 '스스로 하기'는 위의 두 단계를 활용하여 혼자 연습하는 활동입니다.

네이버 '계산 자신감' 카페

책을 구매하신 분은 네이버 '계산 자신감' 카페에 가입하시길 권합니다. 게시판에는 QR코드에 링크된 자료뿐 아니라 매스리커버리 등 다양한 초등 수학 관련 자료가 있습니다. 또한 궁금한 점을 문의하거나 성공사례를 공유할 수 있고, 활동연습지를 더 내려받거나 향후 교재개발에 필요한 점을 올릴 수도 있습니다. (https://cafe.naver.com/mathconfidence/444)

부록 카드 및 보조 도구의 사용

본 교재에는 540장의 부록 카드가 필요합니다. (주)북랩 홈페이지(http://www.book.co.kr)에서 별도로 판매하고 있습니다. 1~4권까지 지속적으로 사용되므로 명함 정리함 등에 보관하여 사용하시거나 스마트폰에 그림 형태로 저장하여 사용하시면 편리합니다. 활동에 따라 연결큐브, 구슬틀(rekenrek) 수모형, 바둑돌 등 구체물을 그림 대신 사용하실 수 있고 교재에 제시된 앱이나 소프트웨어를 이용할 수 있습니다.

프로그램의 일반적 적용

아동의 수준	프로그램 진행 순서
6~7살 아동	1, 2권 A단계부터
초등학교 1학년	1, 2권 B단계부터
10 넘는 덧셈이 힘든 경우	1권, 2권부터
초등학교 2학년 1학기인 경우	1권 D단계, 2권 (다) E단계, 3권 (바) A단계, 4권 (사) A단계부터
두 자릿수 덧셈, 뺄셈을 처음부터 공부하고 싶은 경우	3권 (바) A단계부터
문장제 문제를 어려워 하는 경우	사칙연산의 연산감각 부문만
계산은 정확하게 하지만 속도가 느린 경우	사칙연산의 유창성 훈련만

사칙연산에서 학년 수준의 연산 정확도와 속도기준에 도달하면 이 프로그램을 끝내도 됩니다.

계산 자신감의 구성

권	영역	단계	
1권	가. 직산과 수량의 인지	A-1단계 한 자릿수 직산(5 이하의 수) B단계 20 이하 수 직산 D단계 세 자릿수 직산	A-2단계 한 자릿수 직산(10 이하의 수) C단계 두 자릿수 직산
	나. 수끼리의 관계	A단계 한 자릿수의 수끼리 관계 C단계 두 자릿수의 수끼리 관계	B단계 20 이하 수의 수끼리 관계 D단계 세 자릿수의 수끼리 관계
2권	다. 수 세기	A단계 일대일 대응 C단계 이중 세기	B단계 기수성 D단계 십진법
	라. 작은 덧셈	A단계 덧셈 감각	B단계 덧셈 전략
	마. 작은 뺄셈	A단계 뺄셈 감각	B단계 뺄셈 전략
3권	바. 큰 덧셈/뺄셈	A단계 두 자리 덧셈/뺄셈을 위한 기초 기술 B단계 두 자릿수 덧셈 D단계 세 자리 덧셈/뺄셈을 위한 기초 기술 E단계 세 자릿수 덧셈	C단계 두 자릿수 뺄셈 F단계 세 자릿수 뺄셈
4권	사. 곱셈	A단계 곱셈을 위한 수 세기 C단계 작은 곱셈 E단계 곱셈의 달인	B단계 곱셈 감각 D단계 큰 수 곱셈
	아. 나눗셈	A단계 나눗셈을 위한 수 세기 C단계 짧은 나눗셈	B단계 나눗셈 감각 D단계 긴 나눗셈

차례

수 세기/작은 덧셈/작은 뺄셈
기초 기술 평가

수 세기/작은 덧셈/작은 뺄셈 기초 기술 평가에 관한 안내

1. 기초 기술 평가는 학생들이 암산으로 계산하는 평가방식으로 학생이 손으로 써서 계산할 수 있도록 필기구를 주지 않습니다.
2. 기초 기술 평가에 사용한 파워포인트 파일은 QR코드를 통해 네이버 '계산자신감' 카페에서 다운로드 하실 수 있습니다.
3. 각 항목에서 80% 이상을 맞추면 도달로 간주합니다.
4. 수 세기의 평가 단계에 도달할 경우 해당 단계를 꼭 학습할 필요가 없습니다.
   예) B단계 통과 시 A단계 학습 불필요, 바로 C단계 평가로 이동
5. 각 항목에서 미도달 시 아래 프로세스에 따라 보충해주시기 바랍니다.
6. 보충 단계가 끝나면 해당하는 『계산 자신감』 2권 학습을 시작합니다.
7. 작은 덧셈, 뺄셈 평가단계에서 도달하였으나 1분 15초 이상이 걸린다면 『계산 자신감』 2권 작은 덧셈, 뺄셈 부분의 유창성 연습을 실시합니다.

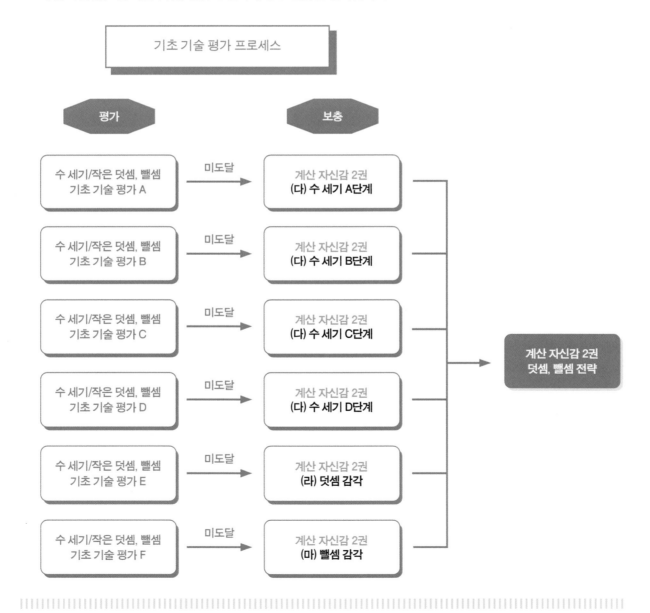

1. 기초 기술 평가 A

불러줄 문항	보여줄 내용	(1점/0점)
이 숫자를 읽어 보세요.	1부터 10까지 숫자카드를 흩어 놓고	
1부터 10까지 차례대로 말해 보세요.	숫자나 카드를 보지 않고	
10부터 1까지 차례대로 말해 보세요.	숫자나 카드를 보지 않고	
모두 몇 개인가요?	바둑알 5개를 놓고 가리키며	
모두 몇 개인가요?	바둑알 9개를 놓고 가리키며	
6개로 만들려면 어떻게 해야 할까요?	바둑알 9개를 놓고	
10개로 만들려면 어떻게 해야 할까요?	바둑알 9개를 놓고	
이 숫자카드만큼 바둑돌을 놓아 보세요.	8을 보여 주며	
점이 몇 개 있나요?	아래 카드를 하나씩 3초만 보여 주고 가리며	
평가 날짜	월 일	정답 수	/9

2. 기초 기술 평가 B

불러줄 문항	보여줄 내용	(1점/0점)
1부터 시작하여 선생님이 '멈춰'라고 할 때까지 세어 보세요. (20이 되면 멈춤)		
이 숫자를 읽어보세요. (총 3번 다른 숫자로 시행)	(11부터 20까지 숫자카드를 흩어 놓고, 숫자카드 1개를 가리키며)	
20부터 시작하여 1까지 거꾸로 세어 보세요.		
선생님이 말하는 수 바로 다음 수(1 큰 수)를 말해 보세요. 예를 들어 11이라고 하면 12라고 대답합니다.	(15 12 19 7 14)	
선생님이 말하는 수 바로 앞 수(1 작은 수)를 말해 보세요. 예를 들어 11이라고 하면 10이라고 대답합니다.	(20 13 5 9 16 6 3)	
(한 번에 2무더기를 가리며) 바둑돌이 모두 몇 개입니까?	(바둑알 7개와 6개 무더기를 보여 주고 7개, 6개를 확인)	
(바둑알 9개를 보여 주고 가리개로 가리고 4개만 빼내어 보여 주며) 가리개 밑에는 몇 개가 있지요?		
선생님 바둑알은 5개이고 너의 바둑알은 6개라면, 우리 둘이 가진 돌은 모두 몇 개일까요?	(필요하면 바둑알/손가락도 허용)	
손가락으로 9를 한 번에 만들어서 보여 주세요.		
돌은 모두 몇 개인가요? 돌의 수에 맞는 숫자카드를 골라 보세요.	(바둑알 15개를 놓고서)	
바둑알 19개를 만들어 보세요. 그 다음 옆에 19를 표시하는 숫자카드를 놓아 보세요.	(11~20 사이의 숫자카드를 무작위로 놓고)	
선생님이 지금 사탕을 8개 가지고 있는데 전부 12개가 필요해요. 사탕 몇 개가 있어야 할까요? (암산으로만)	(바둑알과 숫자카드를 준비한 후)	
평가 날짜	월 일	/12

※ 9점 미만 미도달

3. 기초 기술 평가 C

불러줄 문항	보여줄 내용	(1점/0점)
19부터 시작해서 멈추라고 할 때까지 순서대로 세어 보세요.	(31에서 멈춤)	
58부터 시작해서 멈추라고 할 때까지 순서대로 세어 보세요.	(71에서 멈춤)	
45부터 시작해서 멈추라고 할 때까지 거꾸로 세어 보세요.	(32에서 멈춤)	
82부터 시작해서 멈추라고 할 때까지 거꾸로 세어 보세요.	(71에서 멈춤)	
37보다 10 큰 수는?	(손가락 사용 가능, 어떻게 풀었는지에 대해 질문)	
68 보다 20 큰 수는?	(손가락 사용 가능, 어떻게 풀었는지에 대해 질문)	
20보다 3 작은 수는?	(손가락 사용 가능, 어떻게 풀었는지에 대해 질문)	
75에서 3을 빼면 얼마인가요?	(손가락 사용 가능, 어떻게 풀었는지에 대해 질문)	
19에 3을 더하면 얼마인가요?	(손가락 사용 가능, 어떻게 풀었는지에 대해 질문)	
평가 날짜	월 일	/9

※ 7점 미만 미도달

4. 기초 기술 평가 D

불러 줄 문항	보여줄 내용	(1점/0점)
보여 주는 숫자를 읽어 보세요.	7014	
보여 주는 숫자를 읽어 보세요.	3104	
보여 주는 숫자를 읽어 보세요.	5007	
107에서 3을 빼면 얼마인가요?		
117 빼기 113은 얼마입니까?		
29 더하기 4는 얼마입니까?		
33 빼기 4는 얼마입니까?		
37에 얼마를 더해야 42가 될까요?		
지금 점은 모두 몇 개입니까?(차례로 대답)	pptx 파일	
지금 큐브는 모두 몇 개입니까?(차례로 대답)	pptx 파일	
평가 날짜	월 일	정답 수: /10	걸린 시간: 초

※ 4점 미만 미도달

5. 기초 기술 평가 E

불러줄 문항	보여줄 내용	(1점/0점)
5 더하기 1은?	5+1=	
7 더하기 1은?	7+1=	
5 더하기 2는?	5+2=	
6 더하기 2는?	6+2=	
7 더하기 2는?	7+2=	
1 더하기 4는?	1+4=	
1 더하기 8은?	1+8=	
2 더하기 4는?	2+4=	
2 더하기 9는?	2+9=	
2 더하기 8은?	2+8=	
9 더하기 3은?	9+3=	
9 더하기 5는?	9+5=	
8 더하기 4는?	8+4=	
2 더하기 3 더하기 8은?	2+3+8=	
4 더하기 2 더하기 6은?	4+2+6=	
4 더하기 4는?	4+4=	
7 더하기 7은?	7+7=	
9 더하기 9는?	9+9=	
8 더하기 8은?	8+8=	
6 더하기 6은?	6+6=	
2 더하기 9는?	2+9=	
5 더하기 7은?	5+7=	
7 더하기 9는?	7+9=	
6 더하기 7은?	6+7=	
6 더하기 8은?	6+8=	
평가 날짜	월 일	정답 수 : /25	걸린 시간 : 초

※ 20점 미만 미도달

6. 진단 평가 F

불러줄 문항	보여줄 내용	(1점/0점)
3 빼기 1은?	3-1=	
7 빼기 1은?	7-1=	
8 빼기 2는?	8-2=	
9 빼기 2는?	9-2=	
7 빼기 2는?	7-2=	
7 빼기 5는?	7-5=	
8 빼기 5는?	8-5=	
12 빼기 9는?	12-9=	
11 빼기 8은?	11-8=	
13 빼기 9는?	13-9=	
16 빼기 9는?	16-9=	
12 빼기 3은?	12-3=	
13 빼기 5는?	13-5=	
14 빼기 6은?	14-6=	
15 빼기 7은?	15-7=	
4에 얼마를 더해야 8이 될까요?	4+□=8	
8에 얼마를 더해야 16이 될까요?	8+□=16	
2에 얼마를 더해야 12가 될까요?	2+□=12	
4에 얼마를 더해야 10이 될까요?	4+□=10	
3에 얼마를 더해야 10이 될까요?	3+□=10	
11 빼기 9는?	11-9=	
15 빼기 9는?	15-9=	
12 빼기 9는?	12-9=	
17 빼기 8은?	17-8=	
13 빼기 8은?	13-8=	
평가 날짜	월 일	정답 수: /25	걸린 시간: 초

※ 20점 미만 미도달

Numeracy for All

계산
자신감

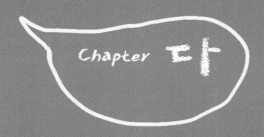

수 세기

일대일 대응

1. 바로 수 세기(1~10)
2. 숫자 읽기(1~10)
3. 카운트 아웃(5 이하)

이해하기

선생님

> 선생님이 하나부터 셋까지 세어 볼게요. 선생님을 따라 말해 봅시다. 하나, 둘, 셋.

> 하나, 둘, 셋.

마루

> 잘했어요. 이번에는 하나 혼자서 해 봅시다. 시작.

> 하나, 둘, 셋.

하나

Guide 구체물을 사용하지 않고, 음성으로만 진행합니다.

함께 하기 선생님이 불러주는 수를 듣고 따라서 말해 보세요.

1 하나, 둘, 셋

2 넷, 다섯, 여섯

3 일곱, 여덟, 아홉, 열

4 1, 2, 3

5 4, 5, 6

6 7, 8, 9, 10

7 하나, 둘, 셋, 넷, 다섯

8 여섯, 일곱, 여덟, 아홉, 열

9 1, 2, 3, 4, 5

10 6, 7, 8, 9, 10

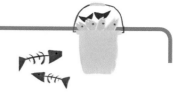

함께 하기　선생님의 설명을 따라 수를 말해 보세요.

❶ 일곱, 여덟, 아홉, 열

❷ 넷, 다섯, 여섯, 일곱

❸ 2, 3, 4, 5, 6

❹ 5, 6, 7, 8, 9

❺ 혼자서 하나부터 다섯까지 세어 보세요.

❻ 혼자서 여섯부터 열까지 세어 보세요.

❼ 혼자서 하나부터 열까지 세어 보세요.

❽ 혼자서 1부터 5까지 세어 보세요.

❾ 혼자서 6부터 10까지 세어 보세요.

❿ 혼자서 1부터 10까지 세어 보세요.

이해하기

1	2	3

선생님

(손가락으로 가리키며) 1, 2, 3

(손가락으로 가리키며) 1, 2, 3

마루

(반대로 가리키며) 3, 2, 1

(반대로 가리키며) 3, 2, 1

1	2	3	4	5	6	7	8	9	10

같은 방법으로 1~10까지 숫자를 읽어 보세요.

함께 하기　선생님이 불러 주는 말을 듣고 1~10까지 숫자를 읽어 봅시다.

1	2	3

1	2	3	4

1	2	3	4	5	6

1	2	3	4	5	6	7	8	9	10

함께 하기

1 선생님이 부르는 숫자를 손으로 가리켜 봅시다.

5	9	6	3	4

2	1	7	8	10

2 선생님이 손으로 가리키는 숫자를 읽어 봅시다.

스스로 하기   준비물 : 부록 1~10카드

1 부록 1~10카드를 뒤집으며 숫자를 말하여 봅시다.

Guide   숫자를 1초 이내로 말할 수 있도록 연습합니다.

2 1~10 중에서 빈칸에 들어갈 숫자는 무엇인지 말하여 봅시다.

1	2		4	5		7		9	

보기 4개씩 묶어 주세요.

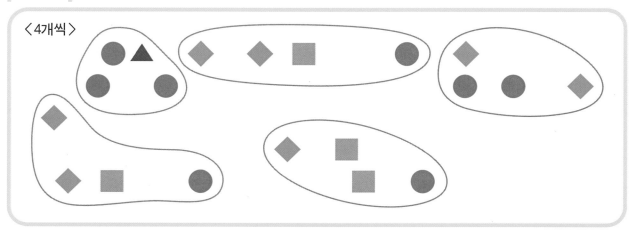

스스로 하기 〈이해하기〉처럼 주어진 개수대로 묶어 주세요.

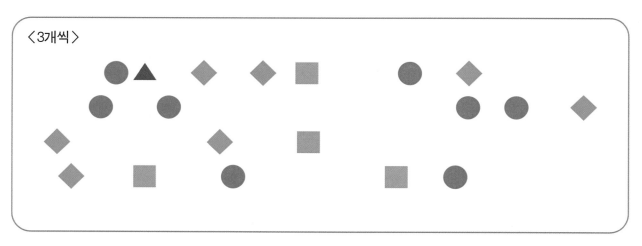

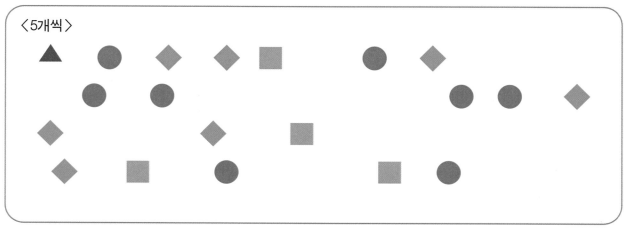

스스로 하기

〈3개씩〉

〈4개씩〉

〈5개씩〉

B단계

기수성

1. 숫자 읽기(1~20)
2. 거꾸로 수 세기(1~20)
3. 번갈아 수 세기
4. 앞뒤 수 관계 이해
5. 카운트 아웃(1~20)

이해하기

함께 하기

① 선생님과 함께 가림판 2개를 이용하여 1부터 보여 주는 수를 말하고, 다음에 올 수를 말해 보세요.

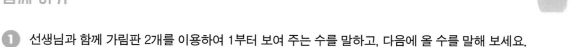

② 선생님과 함께 가림판 2개를 이용하여 10~1까지 앞에 올 수를 말해 보세요.

③ 연습 1, 2와 같은 방법으로 1부터 20까지 다음 수와 앞에 올 수를 말하여 봅시다.

1	2	3	4	5	6	7	8	9	10
11	12	13	14	15	16	17	18	19	20

1 부록 1~20카드를 섞은 뒤 순서대로 정리하여 봅시다.
   (   )

2 부록 1~20카드를 섞은 뒤 뒤집으며 숫자를 말하여 봅시다.
   (   )

스스로 하기   〈이해하기〉처럼 다음에 올 수나 앞에 올 수를 말하여 보세요.

| 5 | 6 | 14 | 15 |

1 | 3 | | 11 | |

2 | 6 | | 18 | |

3 | 14 | | 16 | |

4 | 19 | | 13 | |

5 | 8 | | 12 | |

6 | | 7 | | 13 |

7 | | 6 | | 19 |

이해하기

선생님

거꾸로 수를 세어 봅시다. 선생님을 따라서 말해 보세요. 셋, 둘, 하나.

셋, 둘, 하나.
마루

넷, 셋, 둘, 하나.

넷, 셋, 둘, 하나.
하나

Guide 선생님의 말을 듣고 따라하며, 11 이상의 수는 숫자로 읽는 연습을 합니다. (예 : 열셋→×, 십삼→○)
거꾸로 수 세기가 안 되는 경우는 직산 연습을 더 합니다.

함께 하기   선생님이 말하는 수를 듣고 따라 말해 보세요.

- 셋, 둘, 하나

- 여섯, 다섯, 넷

- 열, 아홉, 여덟

- 6, 5, 4

- 10, 9, 8, 7

- 혼자서 다섯부터 하나까지 세어 보세요.

- 혼자서 열부터 다섯까지 세어 보세요.

- 혼자서 5부터 1까지 세어 보세요.

- 혼자서 10부터 5까지 세어 보세요.

- 넷, 셋, 둘, 하나

- 여덟, 일곱, 여섯

- 4, 3, 2, 1

- 8, 7, 6, 5

- 혼자서 여덟부터 셋까지 세어 보세요.

- 혼자서 열부터 하나까지 세어 보세요.

- 혼자서 8부터 3까지 세어 보세요.

- 혼자서 10부터 1까지 세어 보세요.

- 13, 12, 11, 10

- 16, 15, 14, 13

- 18, 17, 16, 15

- 20, 19, 18, 17

- 혼자서 15부터 11까지 세어 보세요.

- 혼자서 18부터 13까지 세어 보세요.

- 혼자서 20부터 15까지 세어 보세요.

- 혼자서 20부터 10까지 세어 보세요.

스스로 하기   〈이해하기〉처럼 거꾸로 숫자를 써 주세요.

5부터 1까지
(5, 4, 3, 2, 1   )

1 7부터 3까지
(   )

2 10부터 7까지
(   )

3 11부터 7까지
(   )

4 16부터 12까지
(   )

5 20부터 15까지
(   )

이해하기

선생님과 번갈아 수 세기를 해 보세요.

👩	하나	셋	다섯	일곱	아홉
👦	(둘)	(넷)	(여섯)	(여덟)	(열)

Guide 충분히 잘하지 못하면 칩이나 바둑돌을 보면서 연습해도 좋습니다. 직산 능력의 부족으로 세지 못하는 경우가 많으니 직산 과제를 더 연습해도 됩니다.

함께 하기

1 선생님과 번갈아 수 세기를 해 보세요.

👩	1	3	5	7	9
👦					

👩	1				
👦	2	4	6	8	10

2 거꾸로 번갈아 수 세기를 해 보세요.

👩	6	4	2
👦			

👩	8			
👦	7	5	3	1

👩	10	8	6	4	2
👦					

👦	10				
👩	9	7	5	3	1

함께 하기

1 선생님과 번갈아 수 세기를 해 보세요.

👩	11	13	15	17	19
👦					

👦	11				
👩	12	14	16	18	20

2 거꾸로 번갈아 수 세기를 해 보세요.

👩	18	16	14	12
👦	17			

👦	18			
👩	17	15	13	11

👩	20	18	16	14	12
👦					

👦	20				
👩	19	17	15	13	11

스스로 하기

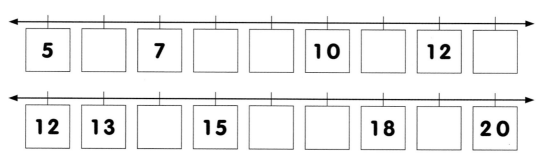

5		7			10		12	

12	13		15			18		20

이해하기

(차례로 점을 가리키며)
하나, 둘, 셋, 넷, 다섯, 여섯.
(반대로 점을 가리키며)
여섯, 다섯, 넷, 셋, 둘, 하나.
모두 몇 개일까요?

선생님

6개입니다.

마루

(마지막 점을 가리며)
모두 몇 개일까요?

5개입니다.

(두 점을 가리며)
모두 몇 개일까요?

4개입니다.

Guide   점을 가렸을 때 처음부터 세는 것이 아니라 앞뒤 수의 관계를 아는 것을 목적으로 지도합니다.

함께 하기   선생님과 함께 순서대로, 거꾸로 다음 수를 세어 봅시다.

❶ 모두 몇 개인가요?

❷ (마지막 점을 가리고) 모두 몇 개인가요?

❸ (2개, 3개, 4개, 5개를 차례로 가리며) 모두 몇 개인가요? 어떻게 풀었나요?

함께 하기 선생님과 함께 순서대로, 거꾸로 다음 수를 세어 봅시다.

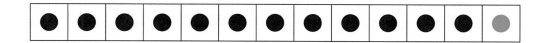

1 모두 몇 개인가요?

2 (마지막 점을 가리고) 모두 몇 개인가요?

3 (2개, 3개, 4개, 5개를 차례로 가리며) 모두 몇 개인가요? 어떻게 풀었나요?

함께 하기

1 바둑돌 8개를 만들어 보세요.

2 (8개인 상태에서) 7개를 만들어 보세요.

3 바둑돌 15개를 만들어 보세요.

4 (15개인 상태에서) 16개를 만들어 보세요.

5 바둑돌 15개를 만들어 보세요.

6 (15개인 상태에서) 17개를 만들어 보세요.

7 바둑돌 20개를 만들어 보세요.

8 (20개인 상태에서) 18개를 만들어 보세요.

이해하기

⟨ 10개씩 ⟩

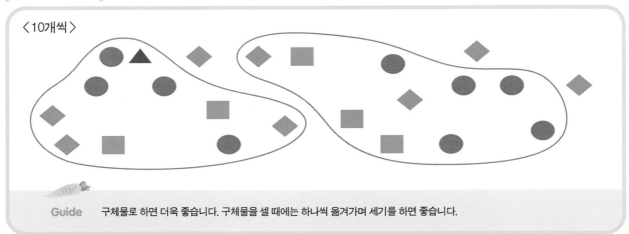

Guide 구체물로 하면 더욱 좋습니다. 구체물을 셀 때에는 하나씩 옮겨가며 세기를 하면 좋습니다.

스스로 하기

⟨ 9개씩 ⟩

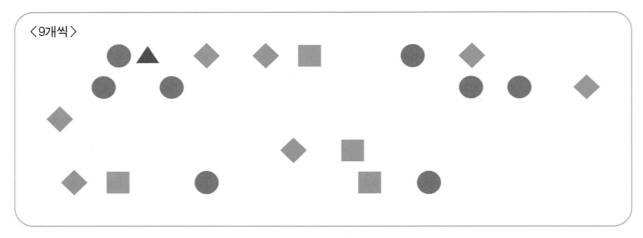

⟨ 7개씩 ⟩

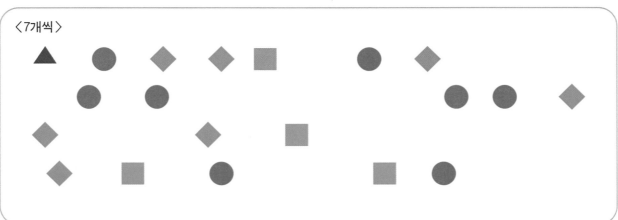

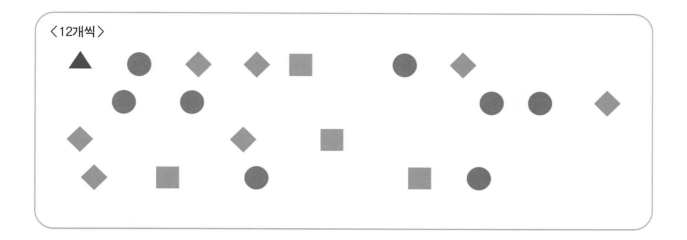

〈12개씩〉

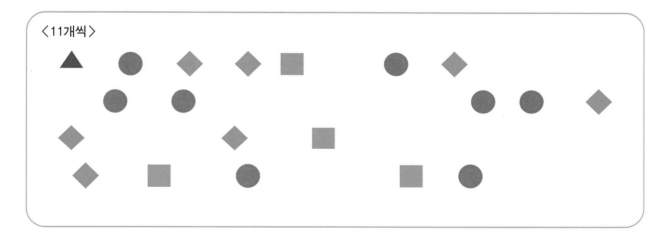

〈11개씩〉

스스로 하기

〈15개씩〉

C단계

이중 세기

함께 하기   문제를 읽고 숫자를 세어 보세요.

❶ 28부터 34까지 세어 보세요.

❷ 44부터 52까지 세어 보세요.

❸ 65부터 73까지 세어 보세요.

❹ 88부터 96까지 세어 보세요.

❺ 52부터 61까지 세어 보세요.

❻ 75부터 82까지 세어 보세요.

함께 하기   문제를 읽고 숫자를 거꾸로 세어 보세요.

❶ 33부터 26까지 거꾸로 세어 보세요.

❷ 48부터 35까지 거꾸로 세어 보세요.

❸ 52부터 47까지 거꾸로 세어 보세요.

❹ 85부터 77까지 거꾸로 세어 보세요.

❺ 94부터 86까지 거꾸로 세어 보세요.

❻ 75부터 68까지 거꾸로 세어 보세요.

함께 하기   37부터 42까지 세어 보세요.

1	2	3	4	5	6	7	8	9	10
11	12	13	14	15	16	17	18	19	20
21	22	23	24	25	26	27	28	29	30
31	32	33	34	35	36	37	38	39	40
41	42	43	44	45	46	47	48	49	50
51	52	53	54	55	56	57	58	59	60
61	62	63	64	65	66	67	68	69	70
71	72	73	74	75	76	77	78	79	80
81	82	83	84	85	86	87	88	89	90
91	92	93	94	95	96	97	98	99	

삼십 칠

1	2	3	4	5	6	7	8	9	10
11	12	13	14	15	16	17	18	19	20
21	22	23	24	25	26	27	28	29	30
31	32	33	34	35	36	37	38	39	40
41	42	43	44	45	46	47	48	49	50
51	52	53	54	55	56	57	58	59	60
61	62	63	64	65	66	67	68	69	70
71	72	73	74	75	76	77	78	79	80
81	82	83	84	85	86	87	88	89	90
91	92	93	94	95	96	97	98	99	

삼십 팔

...

1	2	3	4	5	6	7	8	9	10
11	12	13	14	15	16	17	18	19	20
21	22	23	24	25	26	27	28	29	30
31	32	33	34	35	36	37	38	39	40
41	42	43	44	45	46	47	48	49	50
51	52	53	54	55	56	57	58	59	60
61	62	63	64	65	66	67	68	69	70
71	72	73	74	75	76	77	78	79	80
81	82	83	84	85	86	87	88	89	90
91	92	93	94	95	96	97	98	99	

42

스스로 하기   가리개를 하나씩 치우며 숫자를 읽어 보세요.

1	2	3	4	5	6	7	8	9	10
11	12	13	14	15	16	17	18	19	20
21	22	23	24	25	26	27	28	29	30
31	32	33	34	35	36	37	38	39	40
41	42	43	44	45	46	47	48	49	50
51	52	53	54	55	56	57	58	59	60
61	62	63	64	65	66	67	68	69	70
71	72	73	74	75	76	77	78	79	80
81	82	83	84	85	86	87	88	89	90
91	92	93	94	95	96	97	98	99	100

1 24부터 31까지 읽어 보세요.

2 67부터 75까지 짚어가며 세어 보세요.

3 98부터 89까지 거꾸로 읽어 보세요.

4 73부터 65까지 거꾸로 읽어 보세요.

2. 바로 다음(앞) 수 말하기

함께 하기   선생님이 수를 말하면 바로 다음 수(1큰 수)를 말해 보세요.

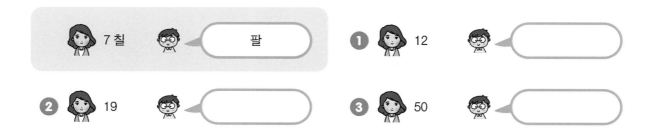

7 칠   팔

❶ 12

❷ 19

❸ 50

Guide   아동이 어려워할 경우 앞 수 두 개를 말해줍니다. 예를 들어 50 다음 수를 어려워할 경우 교사가 "48, 49, 50…?"라고 묻습니다.
100칸 숫자판을 사용하여 앞 수 다음 수를 지도할 수도 있습니다.

함께 하기   선생님이 수를 말하면 바로 다음에 오는 수 2개를 말해 보세요.

8 팔   구, 십

❶ 35

❷ 59

❸ 79

❹ 69

❺ 86

함께 하기   선생님이 수를 말하면 바로 다음에 오는 수 3개를 말해 보세요.

11 십일   십이, 십삼, 십사

❶ 49

❷ 77

❸ 33

❹ 44

❺ 55

함께 하기   선생님이 수를 말하면 바로 바로 앞 수(1 작은 수)를 말해 보세요.

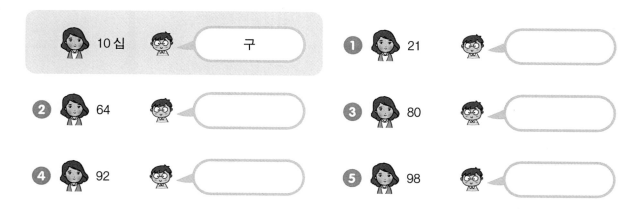

10 십 → 구

❶ 21

❷ 64

❸ 80

❹ 92

❺ 98

함께 하기   선생님이 수를 말하면 바로 바로 앞 수 2개를 말해 보세요.

6 육 → 오, 사

❶ 90

❷ 81

❸ 70

❹ 100

❺ 31

함께 하기   선생님이 수를 말하면 바로 바로 앞 수 3개를 말해 보세요.

6 육 → 오, 사, 삼

❶ 60

❷ 79

❸ 51

❹ 92

❺ 42

함께 하기   아래에 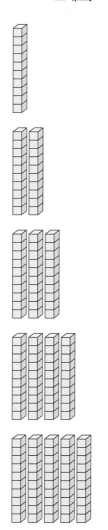의 10개 묶음이 점점 늘어나고 있습니다. 하나씩 가리키면서 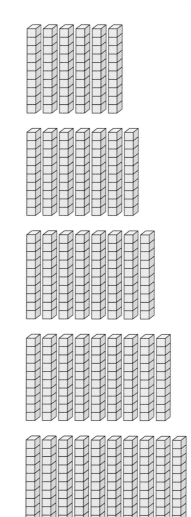가 몇 개인지 말해 보세요.

함께 하기   보지 않고 10부터 100까지 10씩 세어 보세요.

함께 하기   아래에 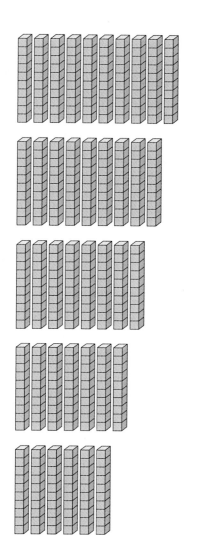의 10개 묶음이 점점 줄어들고 있습니다.
하나씩 가리키면서 🔲가 몇 개인지 말해 보세요.

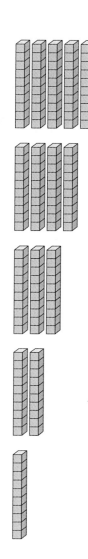

함께 하기

❶ 보지 않고 50부터 10까지 10씩 거꾸로 세어 보세요.

❷ 보지 않고 100부터 10까지 10씩 거꾸로 세어 보세요.

4. 10씩 커지는 수 말하기(2)

이해하기

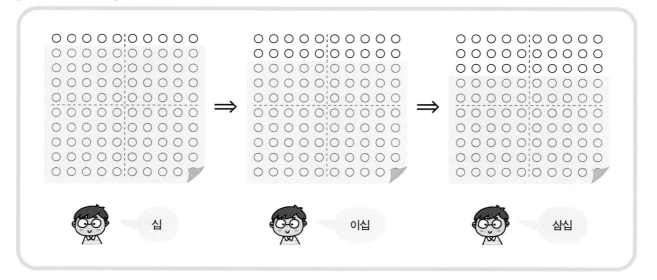

함께 하기

가리개를 열면서 조금씩 보여 주고 10부터 100까지 10씩 뛰어 세기를 해 보세요.

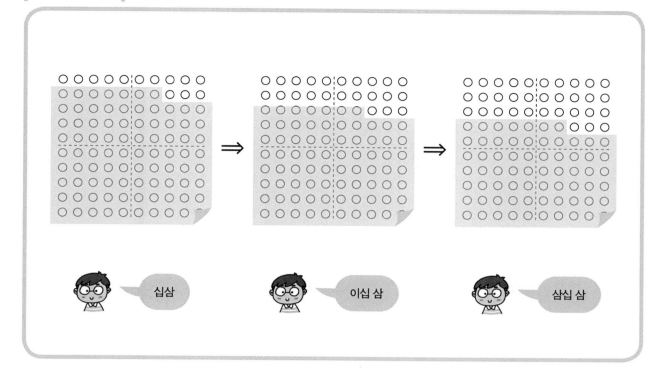

십삼   이십 삼   삼십 삼

함께 하기   가리개를 열면서 조금씩 보여 주고 4부터 94까지 10씩 뛰어 세기를 해 보세요.

1   보지 않고 50부터 10까지 10씩 거꾸로 세어 보세요.

2   가리개를 열면서 조금씩 보여 주고 7부터 97까지 10씩 뛰어 세기를 해 보세요.

스스로 하기

① 10에서 100까지의 숫자 트랙이 있습니다. 손가락으로 가리키며 숫자를 차례 차례 읽어 보세요. 반대 방향으로도 읽어 보세요.

10	20	30	40	50	60	70	80	90	100

② 숫자트랙을 10만 남기고 가리개로 덮습니다. 10부터 시작해서 숫자를 읽어 보세요. 읽은 후에는 가리개를 열어 맞게 읽었는지 하나씩 확인해 보세요.

10	20	30	40	50	60	70	80	90	100

③ 숫자트랙을 100만 남기고 가리개로 덮습니다. 100부터 시작해서 반대 방향으로 숫자를 읽어 보세요. 읽은 후에는 가리개를 열어 맞게 읽었는지 하나씩 확인해 보세요.

10	20	30	40	50	60	70	80	90	100

함께 하기

① 선생님을 따라 10부터 100까지 10씩 세어 보세요. 10, 20, …, 90, 100.

② 학생 혼자 10씩 세어 보세요.

③ 선생님을 따라 100부터 10까지 10씩 거꾸로 세어 보세요. 100, 90, …, 20, 10.

④ 학생 혼자 10씩 거꾸로 세어 보세요.

⑤ 이번엔 50부터 시작해서 10씩 바로 세어 보세요.

⑥ 이번엔 30부터 시작해서 10씩 바로 세어 보세요.

⑦ 이제 60부터 시작해서 10씩 거꾸로 세어 보세요.

⑧ 이번에는 80부터 시작해서 10씩 거꾸로 세어 보세요.

C단계 5. 카운트 아웃(1~100)

스스로 하기 다음 그림의 수는 얼마인가요?

❶

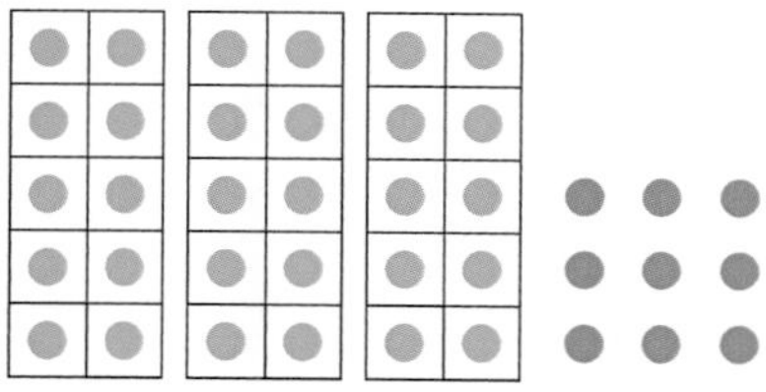

(   ) 개

❷

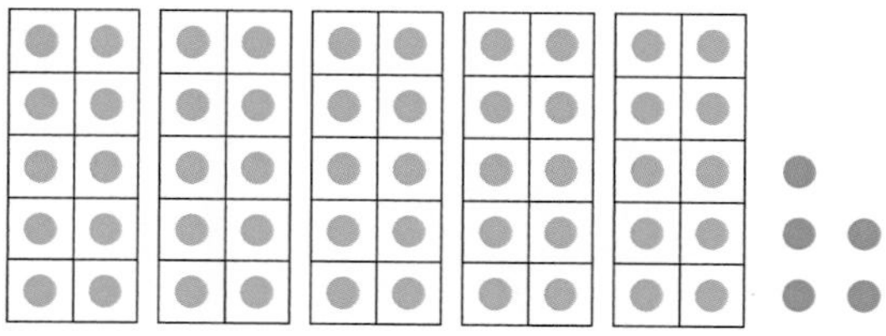

(   ) 개

❸

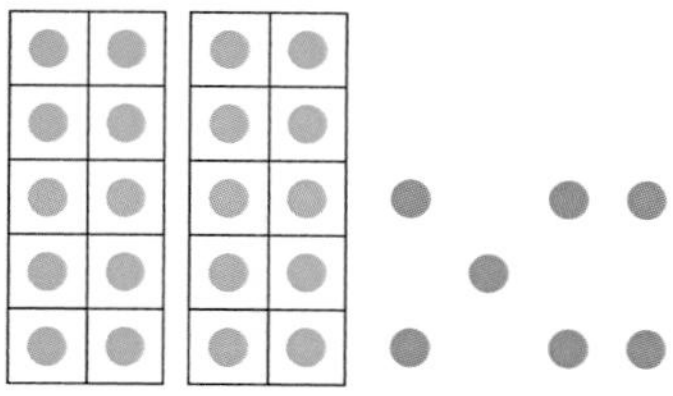

(   ) 개

❹

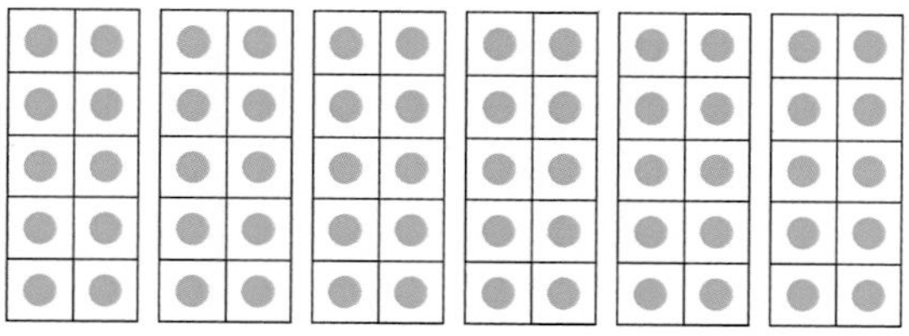

(   ) 개

❺

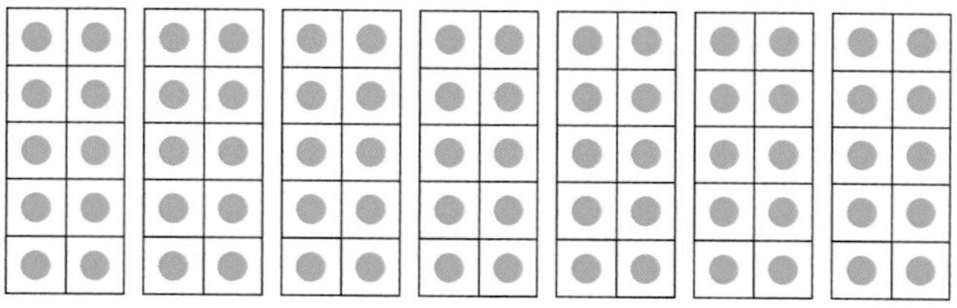

(   ) 개

❻

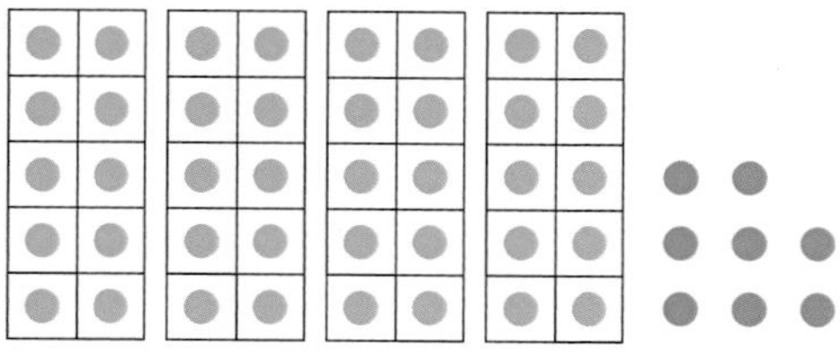

(   ) 개

❼

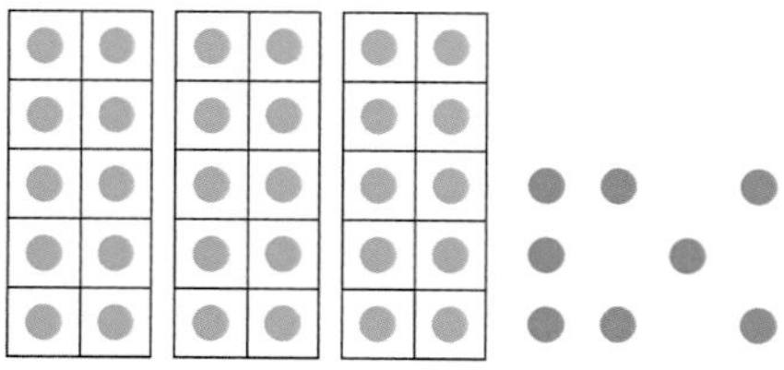

(   ) 개

36만큼의 수를 동그라미 쳐 보세요.

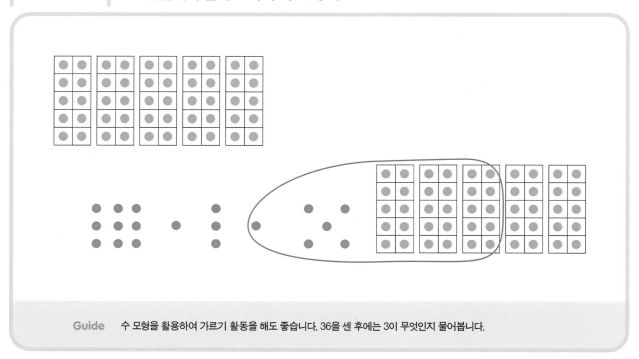

Guide 수 모형을 활용하여 가르기 활동을 해도 좋습니다. 36을 센 후에는 3이 무엇인지 물어봅니다.

함께하기 〈이해하기〉와 같이 제시된 수만큼 네모를 동그라미 쳐 봅시다.

① 75만큼 동그라미를 쳐 보세요. 75에서 7은 얼마일까요?

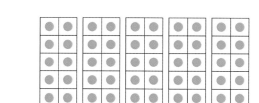

2 57만큼 동그라미를 쳐 보세요. 57에서 5는 얼마일까요?

3 98만큼 동그라미를 쳐 보세요. 98에서 9는 얼마일까요?

4 83만큼 동그라미를 쳐 보세요. 83에서 8은 얼마일까요?

6. 이어 세기와 거꾸로 세기

이해하기

Guide 아직 이어 세기가 안 되어 모두 세기로 수를 세는 경우 점 4개에 하나를 그려 넣은 후
"하나, 둘, 셋, 네에에엣, 다섯!" 하면서 첫 번째 묶음의 마지막 수를 크게 강조해 주세요..
아동이 잘할 경우 3개까지 그려 넣을 수 있습니다.

함께 하기

❶ 아래에 점이 6개 있습니다. 점을 하나 더 그려 넣으면 모두 몇 개가 될까요?

어떻게 풀었는지 얘기해 보세요. 처음부터 세지 않고 푸는 방법이 있나요?

❷ 아래에 점이 8개 있습니다. 점을 하나 더 그려 넣으면 모두 몇 개가 될까요?

어떻게 풀었는지 얘기해 보세요.

1 아래에 점이 6개 있습니다. 점을 두 개 더 그려 넣으면 모두 몇 개가 될까요?

어떻게 풀었는지 얘기해 보세요.

2 아래에 점이 8개 있습니다. 점을 두 개 더 그려 넣으면 모두 몇 개가 될까요?

어떻게 풀었는지 얘기해 보세요.

3 아래에 점이 5개 있습니다. 점을 두 개 더 그려 넣으면 모두 몇 개가 될까요?

어떻게 풀었는지 얘기해 보세요.

4 아래에 점이 7개 있습니다. 점을 두 개 더 그려 넣으면 모두 몇 개가 될까요?

어떻게 풀었는지 얘기해 보세요.

5 아래에 점이 10개 있습니다. 점을 두 개 더 그려 넣으면 모두 몇 개가 될까요?

어떻게 풀었는지 얘기해 보세요.

1 아래에 파란 점이 4개 있습니다. 점을 하나 지우면 모두 몇 개가 될까요?

어떻게 풀었는지 얘기해 보세요.

2 아래에 파란 점이 5개 있습니다. 점을 한 개 지우면 모두 몇 개가 될까요?

어떻게 풀었는지 얘기해 보세요. 처음부터 세지 않고 푸는 방법이 있나요?

3 아래에 파란 점이 7개 있습니다. 점을 두 개 지우면 모두 몇 개가 될까요?

어떻게 풀었는지 얘기해 보세요.

4 아래에 파란 점이 6개 있습니다. 점을 두 개 지우면 모두 몇 개가 될까요?

만약 세 개를 지우면 모두 몇 개가 될까요? 어떻게 풀었는지 얘기해 보세요.

5 아래에 파란 점이 8개 있습니다. 점을 두 개 지우면 모두 몇 개가 될까요?

만약 세 개를 지우면 모두 몇 개가 될까요? 어떻게 풀었는지 얘기해 보세요.

스스로 하기

Guide 처음부터 세는 것이 아닌 중간부터 이어 세는 것을 목적으로 합니다.

1 화살표 아래의 점은 6번째 점입니다. 가리개 아래에 점 2개가 있습니다.

별 아래의 점은 몇 번째 점일까요?   (번째)

2 화살표 아래의 점이 7번째 점입니다. 가리개 아래에 점 3개가 있습니다.

별 아래의 점은 몇 번째 점일까요?   (번째)

3 화살표 아래의 점이 12번째 점입니다. 가리개 아래에 점 2개가 있습니다.

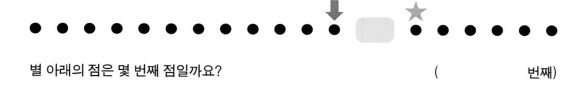

별 아래의 점은 몇 번째 점일까요?   (번째)

4 화살표 아래의 점이 몇 번째인지 세어 보세요. 가리개 아래에 점 3개가 있습니다.

별 아래의 점은 몇 번째 점일까요?   (번째)

① 별 아래의 점이 25번째 점입니다. 까만 네모 아래에 점 3개가 있습니다.

화살표 아래의 점은 몇 번째 점일까요?　　　　　　　　(　　　　　번째)

② 별 아래의 점이 21번째 점입니다. 까만 네모 아래에 점 2개가 있습니다.

화살표 아래의 점은 몇 번째 점일까요?　　　　　　　　(　　　　　번째)

③ 별 아래의 점이 31번째 점입니다. 까만 네모 아래에 점 2개가 있습니다.

화살표 아래의 점은 몇 번째 점일까요?　　　　　　　　(　　　　　번째)

이해하기

선생님

수로 건너뛰기 놀이를 할 거예요. 6에서 8까지는 몇 번 건너뛰어야 할까요?

….
마루

7, 8. 2번 건너뛰었네(7 하면서 손가락 하나 접고 8 하면서 손가락 하나 더 접는다).

(선생님을 따라 손가락을 접는다.)

7   8

4부터 6까지는 몇 번 건너뛰었을까요?

5, 6. 2번이요.

스스로 하기

❶ 10부터 12까지 몇 번 건너뛰었나요?   (   )

❷ 22부터 25까지 몇 번 건너뛰었나요?   (   )

❸ 87부터 92까지 몇 번 건너뛰었나요?   (   )

❹ 16부터 19까지 몇 번 건너뛰었나요?   (   )

❺ 59부터 63까지 몇 번 건너뛰었나요?   (   )

선생님

거꾸로 건너뛰기 놀이를 해 봅시다. 10에서 7까지는 몇 번 건너뛰어야 할까요?

 마루

….

9, 8, 7. 3번 건너뛰었네. (손가락을 접으면서 해도 된다.)

9

8

7

(선생님을 따라 손가락을 접는다.)

12부터 10까지는 몇 번 건너뛰었을까요?

11, 10. 2번이요.

Guide 첫 번째 수는 세지 않는 것을 강조합니다.

스스로 하기

1 18부터 15까지 몇 번 건너뛰었나요?　　　　　　　　　　　(　　　　　　)

2 30부터 26까지 몇 번 건너뛰었나요?　　　　　　　　　　　(　　　　　　)

3 63부터 58까지 몇 번 건너뛰었나요?　　　　　　　　　　　(　　　　　　)

4 71부터 67까지 몇 번 건너뛰었나요?　　　　　　　　　　　(　　　　　　)

스스로 하기

1 화살표 아래의 점이 24번째 점입니다. 별 아래의 점이 27번째 점입니다.

● ●

네모 아래에는 점이 몇 개 있을까요?　　　　　　　　　　　(　　　　개)

2 화살표 아래의 점이 9번째 점입니다. 별 아래의 점이 13번째 점입니다.

● ● ● ● ● ● ● ● ● ● ● ● ● ● ● ●

네모 아래에는 점이 몇 개 있을까요?　　　　　　　　　　　(　　　　개)

3 화살표 아래의 점이 7번째 점입니다. 별 아래의 점이 10번째 점입니다.

● ● ● ● ● ● ● ● ● ● ● ● ● ●

네모 아래에는 점이 몇 개 있을까요?　　　　　　　　　　　(　　　　개)

4 화살표 아래의 점이 14번째 점입니다. 별 아래의 점이 18번째 점입니다.

● ● ● ● ● ● ● ● ● ● ● ● ● ● ● ● ●

네모 아래에는 점이 몇 개 있을까요?　　　　　　　　　　　(　　　　개)

5 화살표 아래의 점이 7번째 점입니다. 별 아래의 점이 9번째 점입니다.

● ● ● ● ● ● ● ● ● ● ● ● ● ● ● ●

네모 아래에는 점이 몇 개 있을까요?　　　　　　　　　　　(　　　　개)

6 화살표 아래의 점이 13번째 점입니다. 별 아래의 점이 17번째 점입니다.

● ● ● ● ● ● ● ● ● ● ● ● ● ⬇ ▢ ★ ● ● ● ●

네모 아래에는 점이 몇 개 있을까요?　　　　　　　　(　　　 개)

7 화살표 아래의 점이 10번째 점입니다. 별 아래의 점이 15번째 점입니다.

● ● ● ● ● ● ● ● ● ⬇ ▢ ★ ● ● ● ●

네모 아래에는 점이 몇 개 있을까요?　　　　　　　　(　　　 개)

8 화살표 아래의 점이 9번째 점입니다. 별 아래의 점이 14번째 점입니다.

● ● ● ● ● ● ● ● ⬇ ▢ ★ ● ● ● ● ● ●

네모 아래에는 점이 몇 개 있을까요?　　　　　　　　(　　　 개)

9 화살표 아래의 점이 21번째 점입니다. 별 아래의 점이 25번째 점입니다.

●●●●●●●●●●●●●●●●●●●●⬇▢★●●●●●

네모 아래에는 점이 몇 개 있을까요?　　　　　　　　(　　　 개)

10 화살표 아래의 점이 69번째 점입니다. 별 아래의 점이 75번째 점입니다.

●●● · · · · · · ●●●●●●●●●●⬇▢★●●●●

네모 아래에는 점이 몇 개 있을까요?　　　　　　　　(　　　 개)

이해하기

 선생님

구슬은 모두 7개입니다. 보이는 구슬이 5개라면 가려진 구슬은 모두 몇 개일까요?

(5부터 시작해서 1개씩 늘려가며 세기로) 6, 7.

가려진 구슬은 모두 2개입니다.

 마루

스스로 하기

❶ 가려진 구슬을 포함하여 구슬은 모두 6개입니다.

가려진 구슬은 모두 몇 개인가요?   (개)

❷ 가려진 구슬을 포함하여 구슬은 모두 8개입니다.

가려진 구슬은 모두 몇 개인가요?   (개)

❸ 가려진 구슬을 포함하여 구슬은 모두 9개입니다.

가려진 구슬은 모두 몇 개인가요?   (개)

4 가려진 구슬을 포함하여 구슬은 모두 10개입니다.

가려진 구슬은 모두 몇 개인가요? (개)

5 가려진 구슬을 포함하여 구슬은 모두 11개입니다.

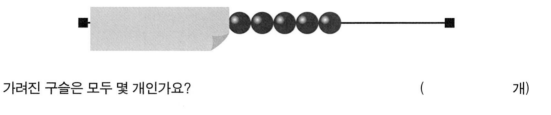

가려진 구슬은 모두 몇 개인가요? (개)

6 가려진 구슬을 포함하여 구슬은 모두 13개입니다.

가려진 구슬은 모두 몇 개인가요? (개)

7 가려진 구슬을 포함하여 구슬은 모두 14개입니다.

가려진 구슬은 모두 몇 개인가요? (개)

스스로 하기   다음 그림을 보고 물음에 답하세요.

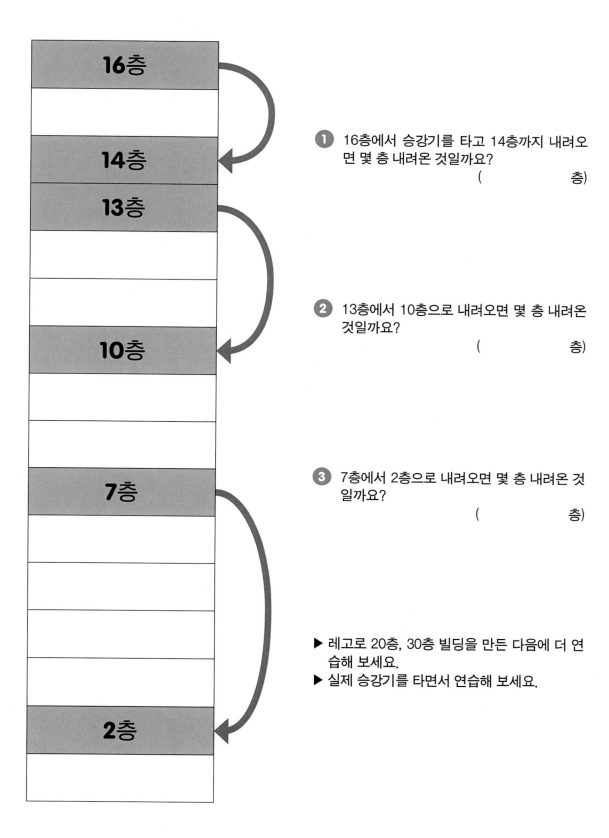

1 16층에서 승강기를 타고 14층까지 내려오면 몇 층 내려온 것일까요?

(층)

2 13층에서 10층으로 내려오면 몇 층 내려온 것일까요?

(층)

3 7층에서 2층으로 내려오면 몇 층 내려온 것일까요?

(층)

▶ 레고로 20층, 30층 빌딩을 만든 다음에 더 연습해 보세요.
▶ 실제 승강기를 타면서 연습해 보세요.

1 선생님이 수를 말하면 다음 수 3개를 말해 보세요.

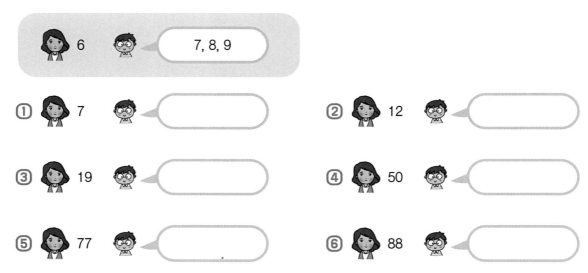

6 → 7, 8, 9

① 7 →

② 12 →

③ 19 →

④ 50 →

⑤ 77 →

⑥ 88 →

Guide   아동이 잘 할 경우 "3을 더하면 어떻게 될까요?", "3 큰 수는 무엇일까요?"라고 물어볼 수 있습니다.

2 선생님이 수를 말하면 그 수보다 3 큰 수를 말해 보세요.

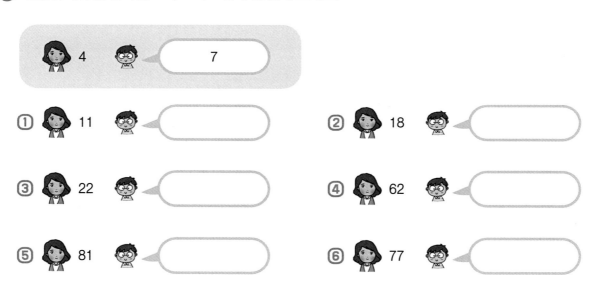

4 → 7

① 11 →

② 18 →

③ 22 →

④ 62 →

⑤ 81 →

⑥ 77 →

1 선생님이 수를 말하면 다음 수 4개를 말해 보세요.

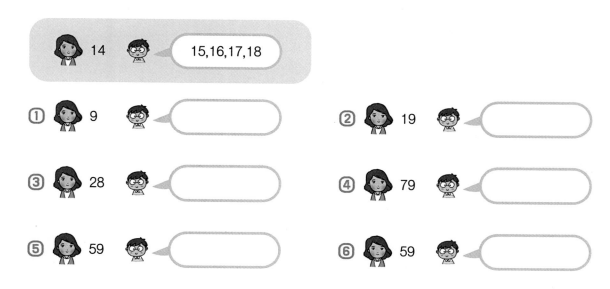

14 → 15,16,17,18

① 9 →

② 19 →

③ 28 →

④ 79 →

⑤ 59 →

⑥ 59 →

2 선생님이 수를 말하면 그 수보다 4 큰 수를 말해 보세요.

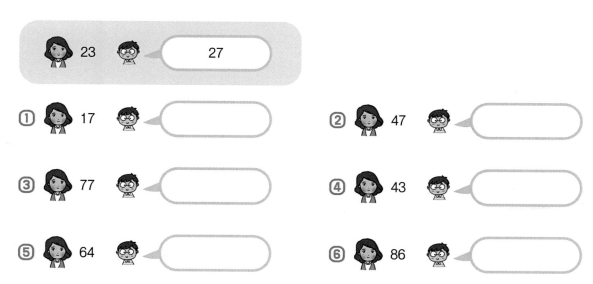

23 → 27

① 17 →

② 47 →

③ 77 →

④ 43 →

⑤ 64 →

⑥ 86 →

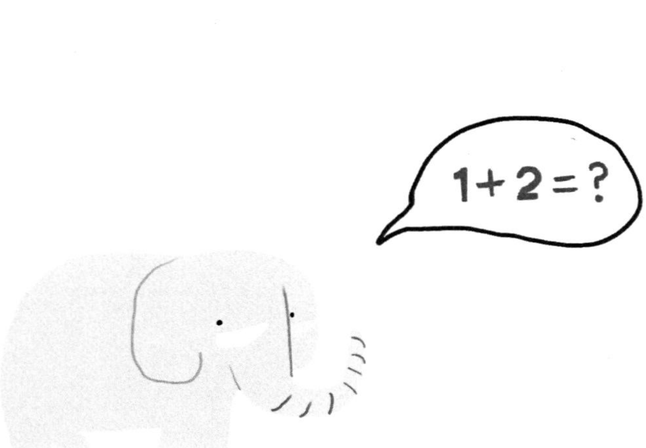
1+2=?

D단계

십진법

이해하기

준비물 : 연결큐브, 자릿값 상자

 선생님
4개씩 묶어서 세는 것을 해 봅시다. 연결큐브를 흰 네모 위에 한 개씩 올려 놓고 4개가 되면 한 묶음으로 연결해서 노란 부분에 옮기세요.

(연결큐브를 한 개씩 흰 네모 위에 올려 놓는다.) 마루

 →  → → ?

 큐브의 개수가 4일 때는 어떻게 하면 되지요?

연결해서 옆으로 한 칸 옮겨요.

 이 묶음을 '꽥'이라고 해요.

그럼 1꽥이겠네요.

 다음은 무엇이 될까요?

1꽥 1이에요.

 다음처럼 계속 커지면 1꽥 3 다음은 무엇이 될까요?

2꽥이 될 것 같아요.

 → → ?

🐟 **Guide**
● 연결큐브로 직접 활동해 보고 연결큐브가 몇 개인지 물어보는 문제를 추가해도 좋습니다.
● 4개 묶음의 별명은 학생이 맘대로 정하도록 해 보세요.
● 다음 페이지의 기록지에 기록해 봅시다. 기록한 것을 보고 패턴이 있는지 알아보세요.

스스로 하기

1 연결큐브를 흰 네모 위에 한 개씩 올려 놓고 4개가 되면 한 묶음으로 연결해서 노란 부분에 옮기세요. 하나를 더할 때마다 기록지에 기록하세요.

⟨1씩 더하기⟩

(꽥)	나머지
0	0
0	1

2 연결큐브를 한 개씩 빼 가며 기록지에 기록해 보세요. 하나를 뺄 때마다 기록지에 기록하세요.

⟨1씩 빼기⟩

(꽥)	나머지
3	3
3	2

스스로 하기   다음 수를 연결 큐브로 만들어 보세요.

1 1 꽥 3

2 1꽥 3보다 1 큰 수

3 3 꽥

4 3꽥보다 1 작은 수

2. 묶음의 묶음

이해하기

준비물 : 연결큐브, 자릿값 상자

 선생님

3꽥 3개에서 1개를 더하면 어떻게 될까요?

4꽥이요. 마루

 꽥도 4개가 되면 묶을 수 있어요. 그건 '큰 꽥'이라고 부릅시다.

이제는 어떻게 읽으면 될까요?

1 큰 꽥이요. 큰 꽥도 4개 모이면 또 묶나요? 그럼 뭐라고 부르죠?

그건 '더 큰 꽥'이라 부릅시다. 꽥 - 큰 꽥 - 더 큰 꽥 - 더더 큰 꽥 - 더더더 큰 꽥….

이제는 하나씩 빼기를 해 봐요. 2큰 꽥부터 시작해 봅시다.

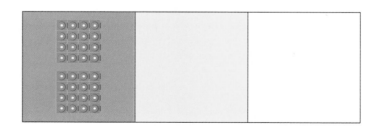

2큰 꽥에서 1개를 빼면 어떻게 될까요?

 Guide

● 연결큐브를 준비해서 해 봅시다.
● 4개 묶음의 별명은 학생이 마음대로 정하도록 해 보세요.
● 다음 페이지의 기록지에 기록해 봅시다. 기록한 것을 보고 패턴이 있는지 알아보세요.

스스로 하기

① 연결큐브를 3꽉부터 시작하여 1씩 더해 가며 기록지에 기록해 보세요. 하나를 더할 때마다 기록지에 기록하세요.

〈1씩 더하기〉

(큰 꽉)	(꽉)	나머지
	3	0

② 연결큐브를 2 큰 꽉부터 시작하여 한 개씩 빼 가며 기록지에 기록해 보세요. 하나를 뺄 때마다 기록지에 기록하세요.

〈1씩 빼기〉

(큰 꽉)	(꽉)	나머지
2	0	0

스스로 하기 다음 수를 연결 큐브로 만들어 보세요.

① 1 큰 꽉 3꽉 3

② 1 큰 꽉 3꽉 3보다 1 큰 수

③ 3 큰 꽉

④ 3 큰 꽉보다 1 작은 수

자리가 생긴 2

이해하기

준비물 : 연결큐브, 자릿값 상자

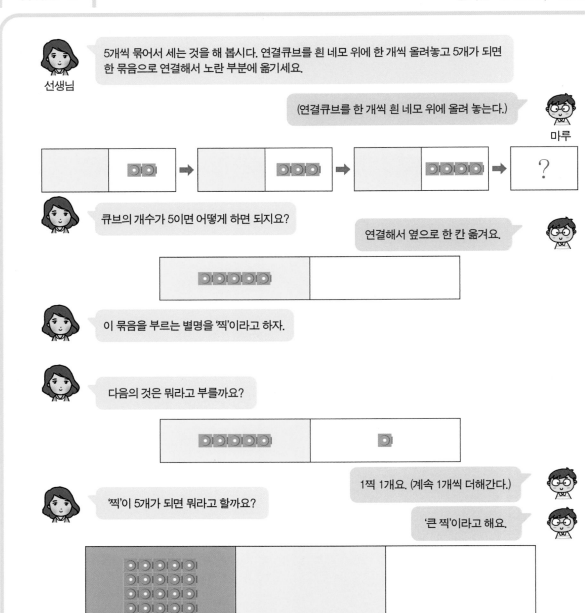

선생님: 5개씩 묶어서 세는 것을 해 봅시다. 연결큐브를 흰 네모 위에 한 개씩 올려놓고 5개가 되면 한 묶음으로 연결해서 노란 부분에 옮기세요.

마루: (연결큐브를 한 개씩 흰 네모 위에 올려 놓는다.)

선생님: 큐브의 개수가 5이면 어떻게 하면 되지요?

연결해서 옆으로 한 칸 옮겨요.

선생님: 이 묶음을 부르는 별명을 '찍'이라고 하자.

선생님: 다음의 것은 뭐라고 부를까요?

1찍 1개요. (계속 1개씩 더해간다.)

선생님: '찍'이 5개가 되면 뭐라고 할까요?

'큰 찍'이라고 해요.

선생님: 큰 찍이 5개가 되면 뭐라고 할까요?

'더 큰 찍'이라고 해요.

Guide
- 연결큐브를 준비해서 해 봅시다.
- '찍' 5개의 묶음을 '큰 찍'이라고 하듯이 '큰 찍'의 5개 묶음을 '더 큰 찍'이라고 부르면서 과제를 수행합니다.
- 다음 페이지의 기록지에 기록해 봅시다. 기록한 것을 보고 패턴이 있는지 알아보세요.

스스로 하기

1 연결큐브를 4 큰 찍 3찍부터 시작하여 1씩
더해가며 기록지에 기록해 보세요. 하나를
더할 때마다 기록지에 기록하세요.

〈1씩 더하기〉

더 큰 찍	큰 찍	찍	나머지
	4	3	0

2 연결큐브를 1 더 큰 찍 1찍에서 시작하여
한 개씩 빼 가며 기록지에 기록해 보세요.
하나를 뺄 때마다 기록지에 기록하세요.

〈1씩 빼기〉

더 큰 찍	큰 찍	찍	나머지
1	0	1	0

스스로 하기

1 연결큐브를 0부터 1씩 자릿값 상자에 더해 가면서 다음 페이지 아랫부분의 네모난 기록지의 빈칸에 지그재그로 기록해 봅시다.

네모난 기록지

00				04
10				
	31			
100	101			
110				
	121			
140				

2 어떤 패턴이 있는지 말해 보세요.

〈마야 숫자에 대해 알아 봅시다〉

마야 숫자는 콜럼버스 이전의 시대에 마야 문명에서 쓰였던 20진법을 기반으로 한 숫자와 그 숫자를 사용한 기수법이다. 0에서 19까지는 점 하나가 1을, 가로 막대 하나는 5를 나타내게 된다. 숫자에 사용된 기호는 0을 뜻하는 조개 모양의 기호 0 maia.svg(시스 임)과 기본 단위를 뜻하는 점 1 maia.svg(훈), 그리고 기본 단위의 다섯 배를 뜻하는 가로 막대 5 maia.svg(호오)로 이루어져 있다.

0	1	2	3	4	5	6	7	8	9

10	11	12	13	14	15	16	17	18	19

4. 10씩 묶음 만들면서 더하기/빼기

 이해하기

준비물 : 연결큐브, 자릿값 상자2

선생님 : 10개씩 묶어서 세는 것을 해 봅시다. 연결큐브를 흰 네모 위에 한 개씩 올려 놓으세요.

선생님 : 10개가 되면 어떻게 할까요?

마루 : 10개가 되면 한 묶음으로 연결해서 노란 부분에 옮깁니다.

선생님 : 이 묶음은 별명으로 부르지 않고 '십'이라고 부르기로 해요.

마루 : 1십이라고 부르면 될까요?

선생님 : 1십에서 1은 생략하고 십이라고 불러요. 이십부터는 그대로 부르면 됩니다.

선생님 : 9십 9개에서 1을 더하면 몇 개가 될까요?

마루 : 9십 10개인가요?

선생님 : 10이 되면 옮겨서 '백'이라고 부릅시다.

선생님 : 백에서 한 개씩 빼면서 기록지에 기록해 보세요.

선생님 : 백에서 한 개씩 빼면서 기록지에 기록해 보세요.
백에서 1씩, 2씩, 3씩, 10씩, 11씩, 20씩 등 아무렇게나 빼 보세요.

 Guide
● 연결큐브를 준비해서 해 봅시다.
● 10개 묶음 1개의 묶음을 '십'이라 하고 '십'의 10개 묶음을 '백'이라 부릅니다.
● 다음 페이지의 기록지에 기록해 봅시다. 기록한 것을 보고 패턴이 있는지 알아보세요.

1 연결큐브를 9십 9개가 될 때까지 1개, 2개, 3개, 10개, 20개씩 무작위로 더하며 기록지에 기록해 보세요.

백	십	나머지

2 9십 9개에서 한 개를 더해 보세요.

3 위의 수는 어떤 패턴이 있나요?

스스로 하기

1 연결큐브로 백을 만들어 보세요.

2 연결큐브를 1개, 2개, 3개, 10개, 20개씩 무작위로 빼서 3십4를 만들어 보고 기록지에 기록해 보세요.

백	십	나머지
	3	4

3 위의 수는 어떤 패턴이 있나요?

1. 연결큐브를 0부터 1씩 자릿값 상자에 더해 가면서 다음 페이지 아랫부분의 네모난 기록지의 빈칸에 지그재그로 기록해 봅시다.

네모난 기록지 A

00				04					
10									
	31								
									49
50	51								
60									
	71								
90									

네모난 기록지 B

01				05					10
11									
	32								
									50
51	52								
61									
			74						
91									

2. 기록지 A와 B는 어떤 차이가 있나요?

3. '01'로 쓰는 것과 '1'로 쓰는 것은 어떤 차이가 있나요?

4. 11을 '일십 일'로 읽는 것과 '십일'로 읽는 것은 어떤 차이가 있나요?

〈 로마 숫자에 대해 알아봅시다 〉

Roman Numeral Table

1	I	14	XIV	27	XXVII	150	CL
2	II	15	XV	28	XXVIII	200	CC
3	III	16	XVI	29	XXIX	300	CCC
4	IV	17	XVII	30	XXX	400	CD
5	V	18	XVIII	31	XXXI	500	D
6	VI	19	XIX	40	XL	600	DC
7	VII	20	XX	50	L	700	DCC
8	VIII	21	XXI	60	LX	800	DCCC
9	IX	22	XXII	70	LXX	900	CM
10	X	23	XXIII	80	LXXX	1000	M
11	XI	24	XXIV	90	XC	1600	MDC
12	XII	25	XXV	100	C	1700	MDCC
13	XIII	26	XXVI	101	CI	1900	MCM

로마 숫자는 고대 로마에서 쓰인 기수법이다. 로마 문자에 특정 수를 대입하고 이를 조합하여 수를 나타낸다. 1에서 10까지는 I, II, III, IV, V, VI, VII, VIII, IX, X와 같이 표기한다. 로마 숫자는 기본적으로 기호를 합산하는 방식으로 조합되는 가법적 기수법이다. 예를 들어 I이 세 개면 III(3)이고 55는 L(50)+V(5)=LV(55)와 같은 식으로 표기된다. 로마 숫자에는 0에 대한 표기 방법이 없다. 로마 숫자는 로마 제국을 거쳐 14세기에 이르기까지 유럽 각지에서 사용되었다. 14세기 이후 보다 사용이 편리한 아라비아 숫자가 널리 사용되면서 잘 사용하지 않게 되었다. 오늘날에는 시계의 시간 표시나 책의 목차 표시와 같은 특별한 경우에만 사용된다.

스스로 하기

준비물 : 연결큐브, 자릿값 상자2

❶ 1찍은 5개의 연결큐브가 모이면 만들어집니다. 다음 표를 보고 칸에 알맞게 연결큐브를 만들어 보세요.

큰 찍	찍	나머지
	2	3
	3	4
1	2	3
2	2	3
	4	0
2	0	1

❷ 한 표에 있는 수는 모두 같은 수입니다. 빈칸을 알맞게 채워 보세요.

찍	나머지
4	4
	9
2	14
1	

찍	나머지
3	2
	7
1	12
0	

찍	나머지
5	1
	6
3	11
2	

스스로 하기

십은 10개의 연결큐브가 모이면 만들어집니다. 알맞게 수모형을 만들어 보세요.

준비물 : 연결큐브, 자릿값 상자2

십	나머지
2	3
3	4
2	3
2	3

스스로 하기

1 한 표에 있는 수는 모두 같은 수입니다. 빈칸을 알맞게 채워 보세요.

십	나머지
3	2
	12
1	22
0	

십	나머지
4	5
	15
2	25
1	
0	45

백	십	나머지
2	3	1
2		11
2	1	
2		31
1	13	1

2 3십, 2백, 7을 순서대로 정리하면 얼마가 될까요?

3 5, 2백 8십을 순서대로 정리하면 얼마가 될까요?

4 13을 '꽥'(4개 묶음 단위)으로 바꾸어 쓰면 어떻게 될까요?

13 = ☐ 꽥 ☐

5 13을 '찍'(5개 묶음 단위)으로 바꾸어 쓰면 어떻게 될까요?

13 = ☐ 찍 ☐

이해하기

다음의 점을 3개씩 연필로 표시하며 세어 보세요.

Guide 〈스스로 하기〉 활동에서는 10으로 세는 것이 가장 편한 방법임을 깨닫는 것이 중요합니다.

스스로 하기

다음의 점이 모두 몇 개인지 〈이해하기〉처럼 연필로 표시하며 세어 보세요.

❶ 아래의 점을 4개씩 연필로 표시하면서 세어 보세요.

4개짜리 묶음은 몇 개인가요?

모두 몇 개인가요?

❷ 아래의 점을 8개씩 연필로 표시하면서 세어 보세요.

8개짜리 묶음은 몇 개인가요?

모두 몇 개인가요?

3 아래의 점을 5개씩 연필로 표시하면서 세어 보세요.

○○○○○○○○○○○○○○○○○○○○○○
○○○○○○○○○○○○○○○○○○○○○○

5개짜리 묶음은 몇 개인가요?

모두 몇 개인가요?

4 아래의 점을 10개씩 연필로 표시하면서 세어 보세요.

○○○○○○○○○○○○○○○○○○○○○○
○○○○○○○○○○○○○○○○○○○○○○

10개짜리 묶음은 몇 개인가요?

모두 몇 개인가요?

5 위의 4가지 방법 중 점이 모두 몇 개인지 알아내는 데 가장 쉬운 방법은 무엇이었나요? 이유를 설명해 보세요. 더 쉬운 방법이 있다면 말해 보세요.

스스로 하기

1 아래의 점을 4개씩 연필로 표시하면서 세어 보세요.

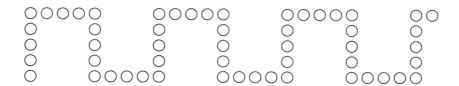

4개짜리 묶음은 모두 몇 개인가요?

모두 몇 개인가요?

2 아래의 점을 8개씩 연필로 표시하면서 세어 보세요.

8개짜리 묶음은 모두 몇 개인가요?

모두 몇 개인가요?

3 아래의 점을 10개씩 연필로 표시하면서 세어 보세요.

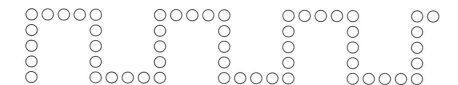

10개짜리 묶음은 모두 몇 개인가요?

모두 몇 개인가요?

4 위의 4가지 방법 중 점이 모두 몇 개인지 알아내는 데 가장 쉬운 방법은 무엇이었나요? 이유를 설명해 보세요. 더 쉬운 방법이 있다면 말해 보세요.

스스로 하기

① 가 몇 개가 있나요? (　 개)

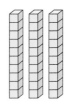

② ⬜가 몇 개가 있나요? (　 개)

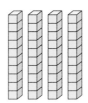

이전보다 몇 개 많아졌나요? (　 개)

③ 모두 몇 개가 있나요? (　 개)

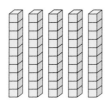

이전보다 몇 개 많아졌나요? (　 개)

④ 모두 몇 개가 있나요? (　 개)

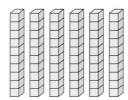

이전보다 몇 개 많아졌나요? (　 개)

⑤ 모두 몇 개가 있나요? (　 개)

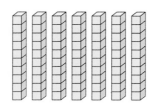

이전보다 몇 개 많아졌나요? (　 개)

⑥ 모두 몇 개가 있나요? (　 개)

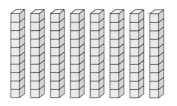

이전보다 몇 개 많아졌나요? (　 개)

7 모두 몇 개가 있나요? (개)

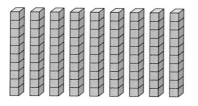

이전보다 몇 개 많아졌나요? (개)

8 모두 몇 개가 있나요? (개)

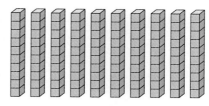

이전보다 몇 개 많아졌나요? (개)

9 모두 몇 개가 있나요? (개)

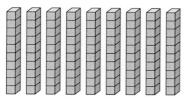

이전보다 몇 개 줄었나요? (개)

10 모두 몇 개가 있나요? (개)

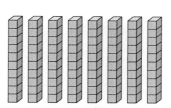

이전보다 몇 개 줄었나요? (개)

11 모두 몇 개가 있나요? (개)

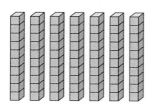

이전보다 몇 개 줄었나요? (개)

12 모두 몇 개가 있나요? (개)

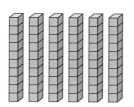

이전보다 몇 개 줄었나요? (개)

13 모두 몇 개가 있나요? (개)

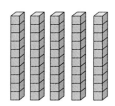

이전보다 몇 개 줄었나요? (개)

14 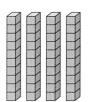가 몇 개가 있나요? (개)

이전보다 몇 개 줄었나요? (개)

15 모두 몇 개가 있나요? (개)

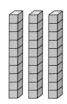

이전보다 몇 개 줄었나요? (개)

16 모두 몇 개가 있나요? (개)

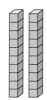

이전보다 몇 개 줄었나요? (개)

17 모두 몇 개가 있나요? (개)

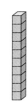

이전보다 몇 개 줄었나요? (개)

이해하기

준비물 : 수모형

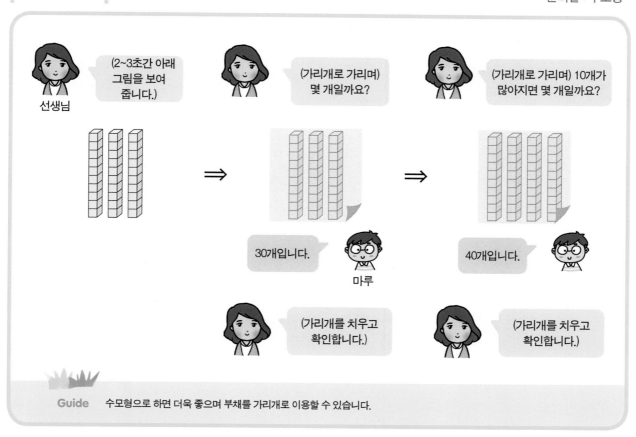

Guide 수모형으로 하면 더욱 좋으며 부채를 가리개로 이용할 수 있습니다.

함께 하기 (2~3초간 보여준 후 가리개로 가리고 질문해 주세요.)

❶ 가 몇 개 있나요? (개)

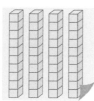

❷ 1번보다 10개가 많아지면 몇 개인가요? (개)

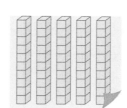

❸ 2번보다 10개가 많아지면 몇 개인가요? (개)

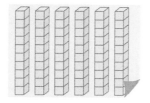

❹ 3번보다 10개가 많아지면 몇 개인가요? (개)

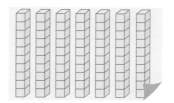

5 4번보다 10개가 많아지면 몇 개인가요? (　　개)

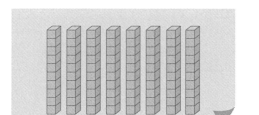

6 5번보다 10개가 많아지면 몇 개인가요? (　　개)

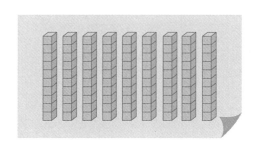

7 6번보다 10개가 많아지면 몇 개인가요? (　　개)

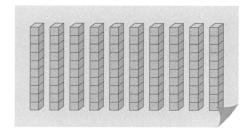

8 7번보다 10개가 적어지면 몇 개인가요? (　　개)

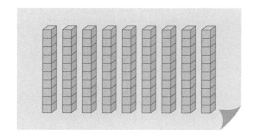

9 8번보다 10개가 적어지면 몇 개인가요? (　　개)

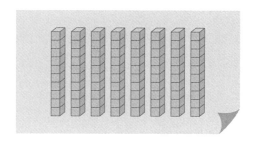

10 9번보다 10개가 적어지면 몇 개인가요? (　　개)

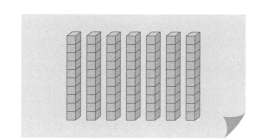

11 10번보다 10개가 적어지면 몇 개인가요? (개)

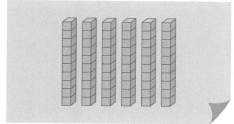

12 11번보다 10개가 적어지면 몇 개인가요? (개)

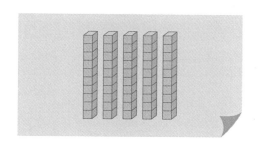

13 12번보다 10개가 적어지면 몇 개인가요? (개)

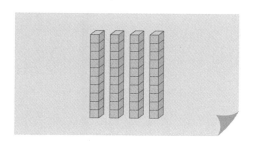

14 13번보다 10개가 적어지면 몇 개인가요? (개)

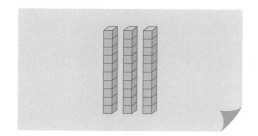

15 14번보다 10개가 적어지면 몇 개인가요? (개)

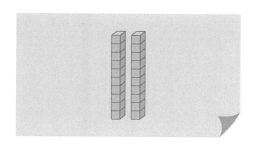

16 15번보다 10개가 적어지면 몇 개인가요? (개)

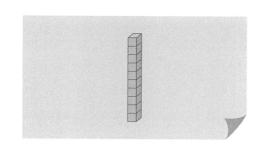

8. 10씩 뛰어 세기(from NN)

스스로 하기

Guide 다음에 나올 그림을 가리며(한 번에 2개의 그림을 가림) 활동하도록 지도해 주세요.
학생이 대답한 후에는 가리개를 열고 확인해 주세요.

1 🔲가 몇 개 있나요? (개)

2 1번보다 10개 많아지면 몇 개인가요? (개)

3 2번보다 10개 많아지면 몇 개인가요? (개)

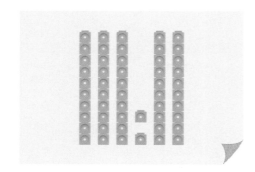

4 3번보다 10개 많아지면 몇 개인가요? (개)

5 4번보다 10개 많아지면 몇 개인가요? (개)

6 5번보다 10개 많아지면 몇 개인가요? (개)

7 6번보다 10개 많아지면 몇 개인가요? (　　개)

8 7번보다 10개 줄어들면 몇 개인가요? (　　개)

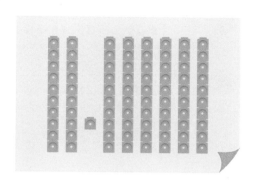

9 8번보다 10개 줄어들면 몇 개인가요? (　　개)

10 9번보다 10개 줄어들면 몇 개인가요? (　　개)

11 10번보다 10개 줄어들면 몇 개인가요? (　　개)

12 11번보다 10개 줄어들면 몇 개인가요? (　　개)

13 12번보다 10개 줄어들면 몇 개인가요? (　　개)

14 13번보다 10개 줄어들면 몇 개인가요? (　　개)

① 6-16-26-36-46-56-66-76-86-96-86-76-66-56-46-36-26-16-6

② 8-18-28-38-48-58-68-78-88-98-88-78-68-58-48-38-28-18-8

스스로 하기

① 아래의 그림은 빌딩숲처럼 보입니다. 잘 보고 왼쪽부터 네모의 수를 계속 더해 가면서 숫자를 써 넣어 보세요.

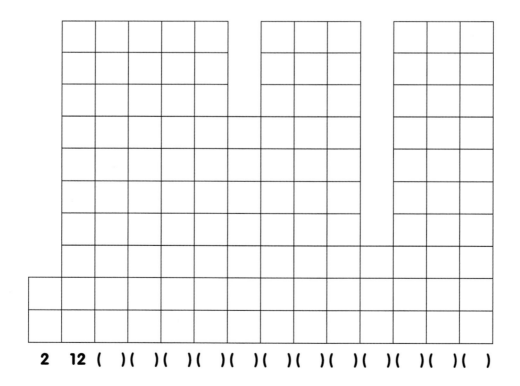

2   **12** (   )(   )(   )(   )(   )(   )(   )(   )(   )(   )(   )(   )

2 아래의 그림을 보고 왼쪽부터 네모의 수의 합을 차례대로 써 넣어 보세요.

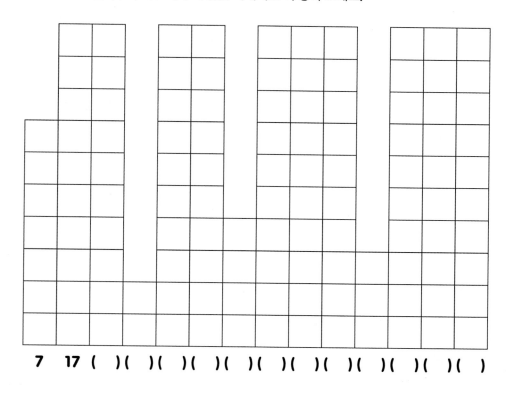

7 17 ( )( )( )( )( )( )( )( )( )( )( )( )

3 아래의 그림을 보고 왼쪽부터 네모의 수의 합을 차례대로 써 넣어 보세요.

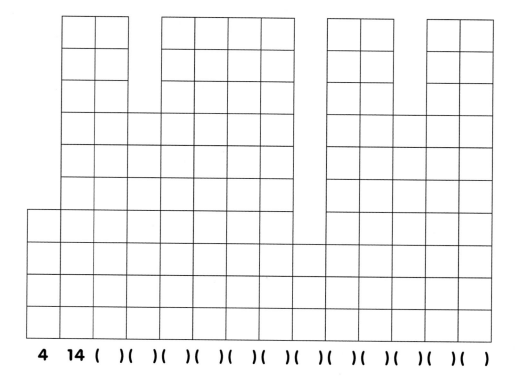

4 14 ( )( )( )( )( )( )( )( )( )( )( )( )

9. 100숫자판에서 숫자 찾기

스스로 하기

1 아래의 100숫자판에서 빨간색으로 된 숫자만 2부터 20까지 순서대로 읽어 보세요. 이를 '2씩 뛰어 읽기'라고 하며, 이 수들을 '짝수'라 부릅니다.

1	2	3	4	5	6	7	8	9	10
11	12	13	14	15	16	17	18	19	20
21	22	23	24	25	26	27	28	29	30
31	32	33	34	35	36	37	38	39	40
41	42	43	44	45	46	47	48	49	50
51	52	53	54	55	56	57	58	59	60
61	62	63	64	65	66	67	68	69	70
71	72	73	74	75	76	77	78	79	80
81	82	83	84	85	86	87	88	89	90
91	92	93	94	95	96	97	98	99	100

2 위의 100숫자판에서 검정색으로 된 숫자만 1부터 19까지 순서대로 읽어 보세요. 이를 '2씩 건너뛰며 읽기'라고 합니다. 그리고 이 수들을 '홀수'라 부릅니다.

3 위의 100숫자판에서 파랑색으로 된 숫자만 7부터 97까지 가리키면서 읽어 보세요. 빨간색 숫자와 파란색 숫자의 공통점이 무엇인가요?

1 숫자를 4부터 읽어 보세요. 어떤 규칙성을 발견할 수 있나요?

			4						
			14						
	▨		24		▨		▨		
			34						
			44						
			54						
			64						
			74						
			84						
			94						

회색 칸에 들어갈 숫자는 무엇인가요?

2 숫자를 8부터 읽어 보세요. 어떤 규칙성을 발견할 수 있나요?

							8		
							18		
	▨						28		
							38		
			▨				48		
							58		
							68		
							78		
							88	▨	
							98		

회색 칸에 들어갈 숫자는 무엇인가요?

1	2	3	4	5	6	7	8	9	10
11	12	13	14	15	16	17	18	19	20
21	22	23	24	25	26	27	28	29	30
31	32	33	34	35	36	37	38	39	40
41	42	43	44	45	46	47	48	49	50
51	52	53	54	55	56	57	58	59	60
61	62	63	64	65	66	67	68	69	70
71	72	73	74	75	76	77	78	79	80
81	82	83	84	85	86	87	88	89	90
91	92	93	94	95	96	97	98	99	100

〈선생님이 불러주는 숫자〉

97	8	29	84	37
9	29	44	86	55
100	37	44-54-65	22-33-44	98-96-94
35-40-45	68-78-88	24-44-64	84-74-64	96-76-56

①

43	44	45	46	47
53	54		56	57
63		?		67
73	74		76	77
83	84	85	86	87

②

21	22	23	24	25
31	32		34	35
41		?		45
51	52		54	55
61	62	63	64	65

③

56	57	58	59	60
66				70
76		?		80
86				90
96	97	98	99	100

④

44	45	46	47	48
54				58
64		?		68
74				78
84	85	86	87	88

⑤

	23		25	
	33		36	
		?		
	53		55	
	63		65	

⑥

	55		57	
64				68
		?		
84				88
	95		96	

함께 하기   지시에 따라 ⬜가 몇 개인지 맞추어 보세요. 그리고 가리개를 열고 확인하세요.

①   ⬜는 모두 몇 개일까요?

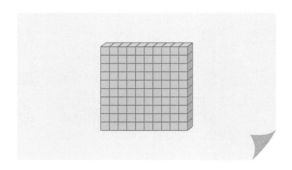

②   1번보다 가리개 밑에 100개가 더 생겼습니다. ⬜는 모두 몇 개일까요?

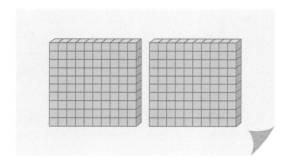

③   2번보다 가리개 밑에 100개가 더 생겼습니다. ⬜는 모두 몇 개일까요?

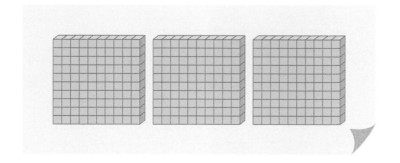

4 3번보다 가리개 밑에 100개가 더 생겼습니다. 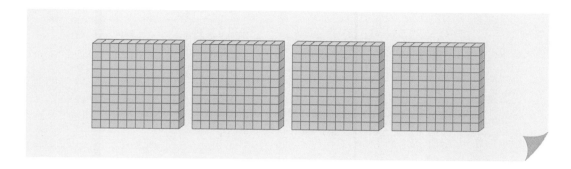는 모두 몇 개일까요?

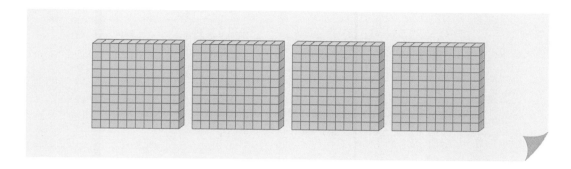

5 4번보다 가리개 밑에 100개가 더 생겼습니다. 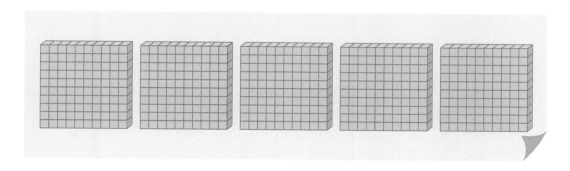는 모두 몇 개일까요?

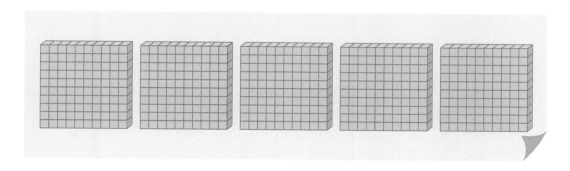

6 5번보다 가리개 밑에 100개가 더 생겼습니다. 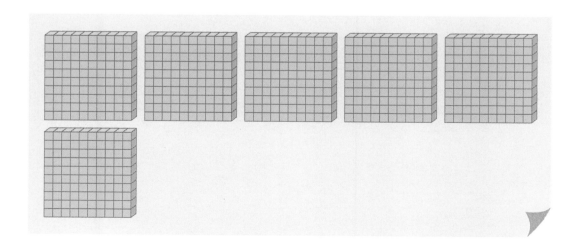는 모두 몇 개일까요?

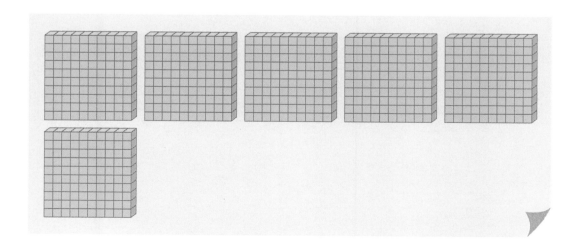

7 6번보다 가리개 밑에 100개가 더 생겼습니다. 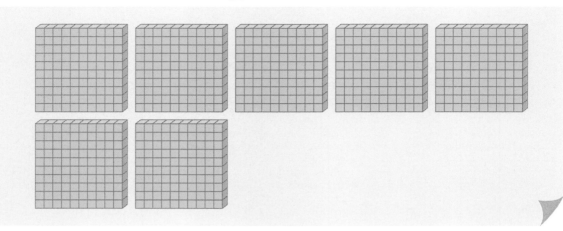는 모두 몇 개일까요?

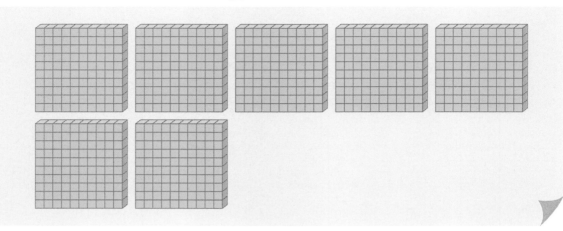

8 7번보다 가리개 밑에 100개가 더 생겼습니다. 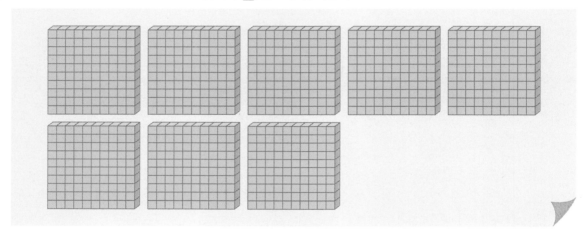는 모두 몇 개일까요?

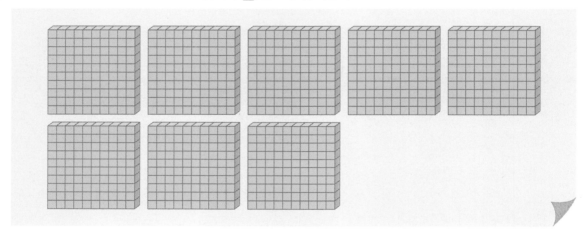

9 8번보다 가리개 밑에 100개가 더 생겼습니다. 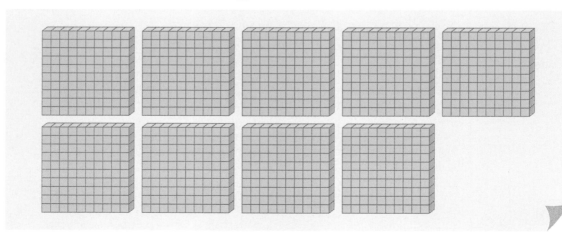는 모두 몇 개일까요?

⑩ 9번보다 가리개 밑에 100개가 더 생겼습니다. 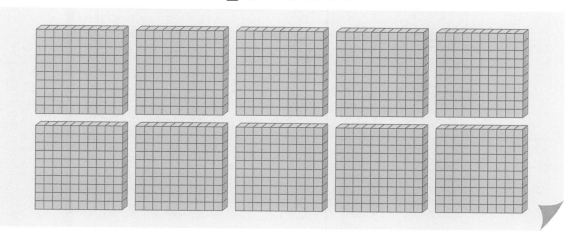는 모두 몇 개일까요?

함께 하기   지시에 따라 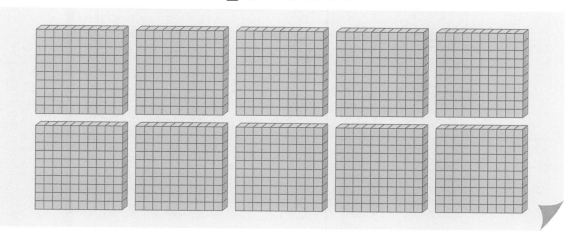가 몇 개인지 맞추어 보세요. 그리고 가리개를 열고 확인하세요.

❶ 10번보다 가리개 밑에 100개가 더 줄었습니다. 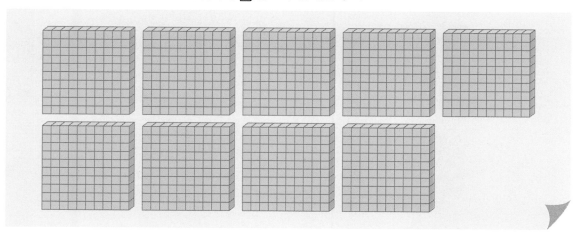는 모두 몇 개일까요?

(가리개를 열고 확인합니다.)

❷ 1번보다 가리개 밑에 100개가 더 줄었습니다. 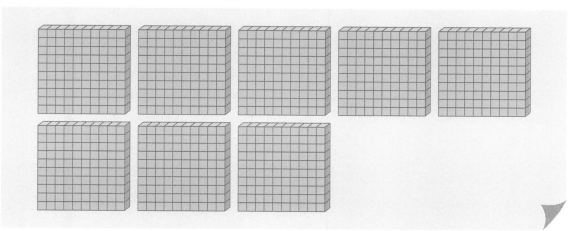는 모두 몇 개일까요?

3 2번보다 가리개 밑에 100개가 더 줄었습니다. 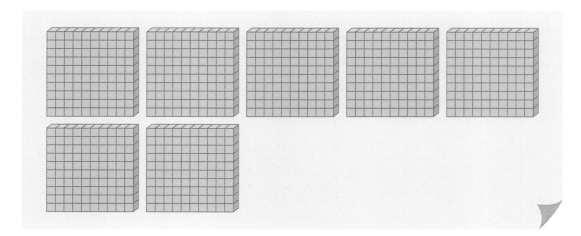는 모두 몇 개일까요?

4 3번보다 가리개 밑에 100개가 더 줄었습니다. 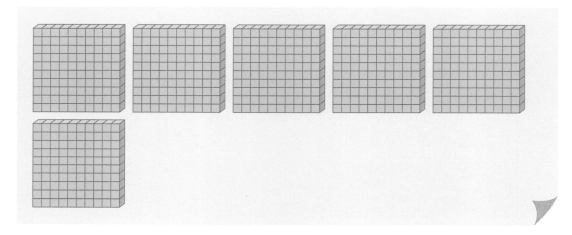는 모두 몇 개일까요?

5 4번보다 가리개 밑에 100개가 더 줄었습니다. 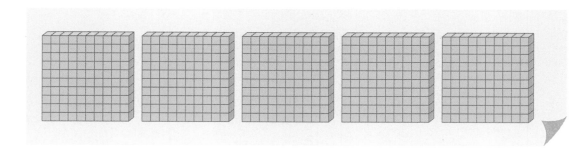는 모두 몇 개일까요?

6 5번보다 가리개 밑에 100개가 더 줄었습니다. 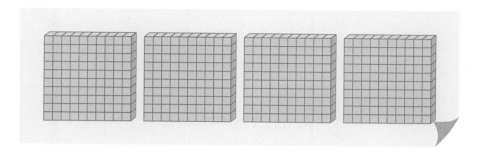는 모두 몇 개일까요?

7 6번보다 가리개 밑에 100개가 더 줄었습니다. 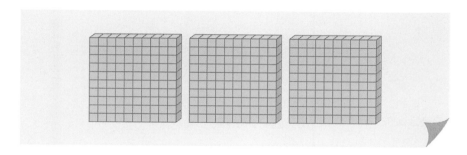는 모두 몇 개일까요?

8 7번보다 가리개 밑에 100개가 더 줄었습니다. 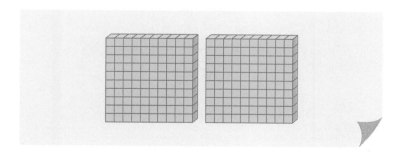는 모두 몇 개일까요?

9 8번보다 가리개 밑에 100개가 더 줄었습니다. 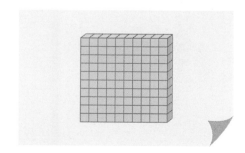는 모두 몇 개일까요?

D단계   11. 100씩 뛰어 세기(from NNO)

함께 하기   지시에 따라 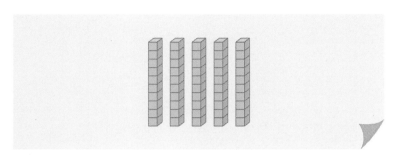가 몇 개인지 맞추어 보세요. 그리고 가리개를 열고 확인하세요.

①   는 모두 몇 개일까요?

②   1번보다 가리개 밑에 100개가 더 생겼습니다.   는 모두 몇 개일까요?

③   2번보다 가리개 밑에 100개가 더 생겼습니다.   는 모두 몇 개일까요?

4 3번보다 가리개 밑에 100개가 더 생겼습니다. 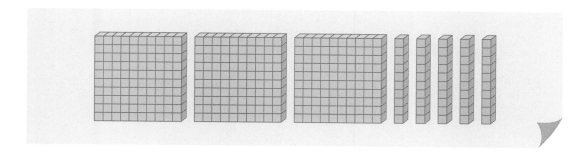는 모두 몇 개일까요?

5 4번보다 가리개 밑에 100개가 더 생겼습니다. 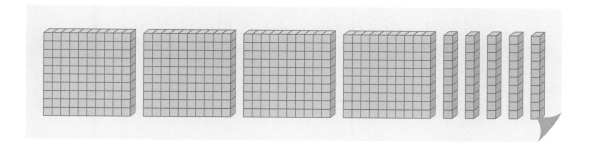는 모두 몇 개일까요?

6 5번보다 가리개 밑에 100개가 더 생겼습니다. 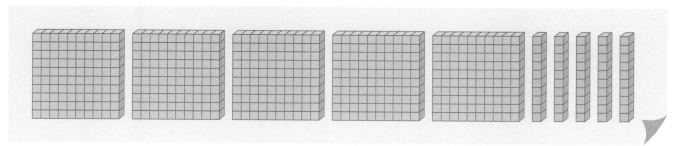는 모두 몇 개일까요?

7 6번보다 가리개 밑에 100개가 더 생겼습니다. 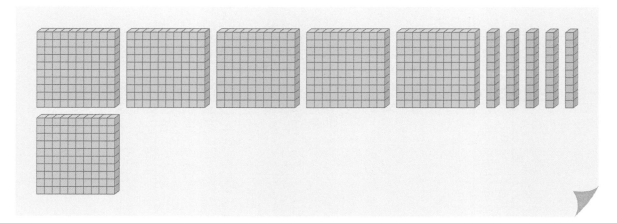는 모두 몇 개일까요?

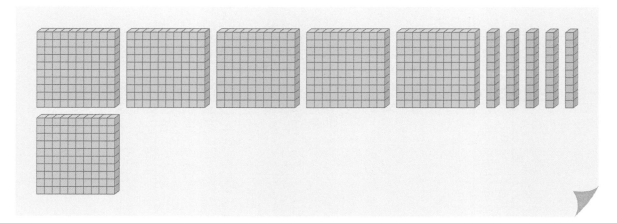

8 7번보다 가리개 밑에 100개가 더 생겼습니다. 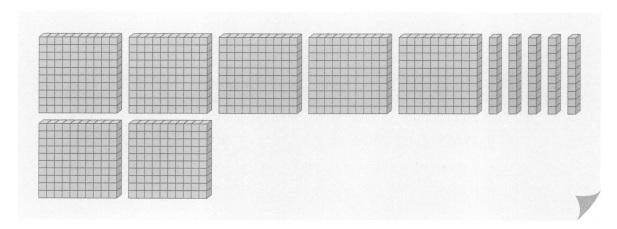는 모두 몇 개일까요?

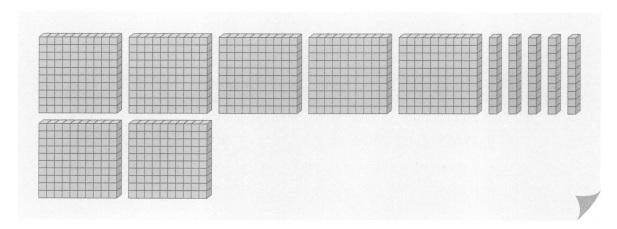

9 8번보다 가리개 밑에 100개가 더 생겼습니다. 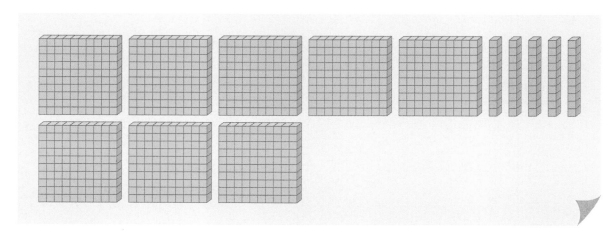는 모두 몇 개일까요?

⑩ 9번보다 가리개 밑에 100개가 더 생겼습니다. 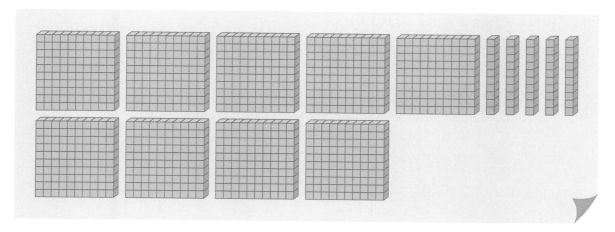는 모두 몇 개일까요?

⑪ 10번보다 가리개 밑에 100개가 더 생겼습니다. 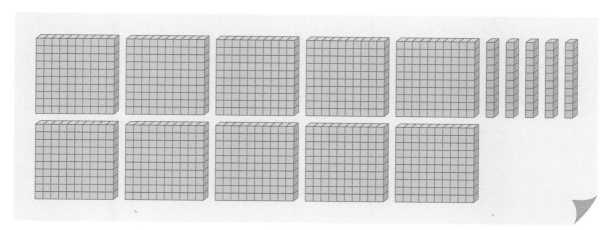는 모두 몇 개일까요?

12. 100씩 뛰어 세기(from NNN)

함께 하기 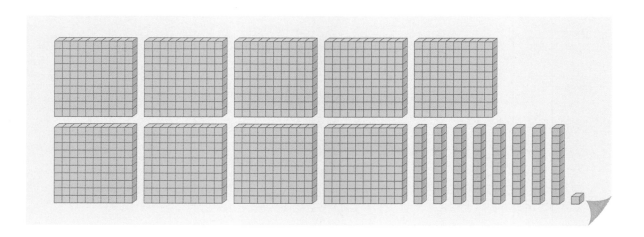는 모두 몇 개일까요?

함께 하기 지시에 따라 가 몇 개인지 맞추어 보세요. 그리고 가리개를 열고 확인하세요.

❶ 〈함께 하기〉보다 가리개 밑에 100개가 더 줄었습니다. 는 모두 몇 개일까요?

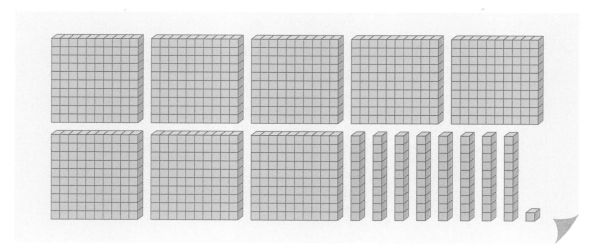

2 1번보다 가리개 밑에 100개가 더 줄었습니다. 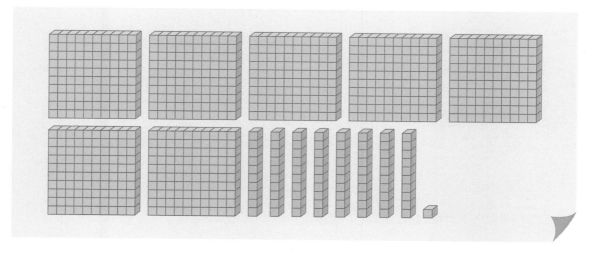는 모두 몇 개일까요?

3 2번보다 가리개 밑에 100개가 더 줄었습니다. 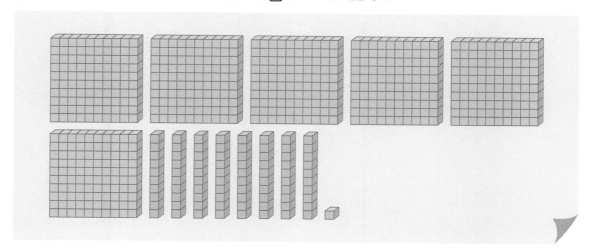는 모두 몇 개일까요?

4 3번보다 가리개 밑에 100개가 더 줄었습니다. 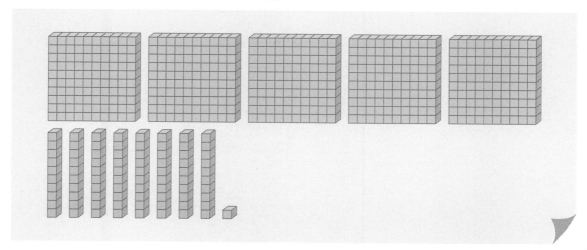는 모두 몇 개일까요?

스스로 하기　수모형을 이용하여 가리개로 수를 가리며 다음의 순서로 수를 만들어 보세요.

5 4번보다 가리개 밑에 100개가 더 줄었습니다. 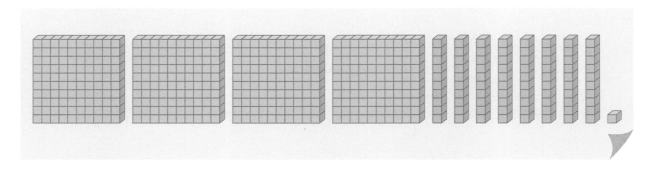는 모두 몇 개일까요?

6 5번보다 가리개 밑에 100개가 더 줄었습니다. 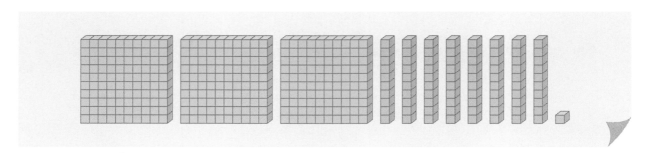는 모두 몇 개일까요?

7 6번보다 가리개 밑에 100개가 더 줄었습니다. 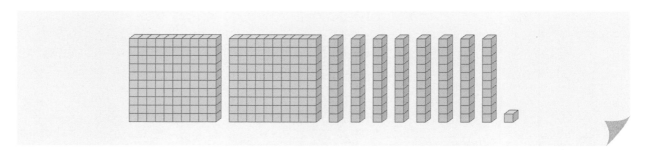는 모두 몇 개일까요?

8 7번보다 가리개 밑에 100개가 더 줄었습니다. 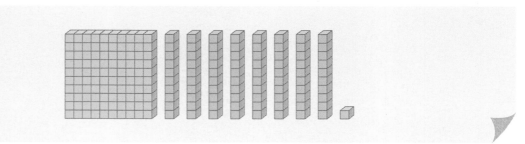는 모두 몇 개일까요?

9 8번보다 가리개 밑에 100개가 더 줄었습니다. 는 모두 몇 개일까요?

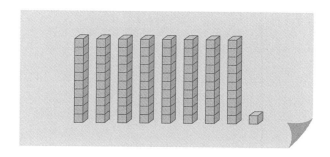

스스로 하기 수모형을 이용하여 가리개로 수를 가리며 다음의 순서로 수를 만들어 보세요.

1 136-236-336-436-536-636-736-836-936-836-736-636-536-436-336-236-136-36

2 58-158-258-358-458-558-658-758-858-958-858-758-658-558-458- 358-258-158-58

3 236-336-436-536-636-736-836-936-836-736-636-536-436-336-236-136-36

4 927-827-727-627-527-427-327-227-127-27-127-227-327-427-527-627-727-827-927

5 103-203-303-403-503-603-703-803-903-803-703-603-503-403-303-203-103-3

이해하기

선생님

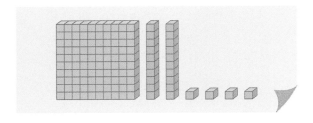는 모두 몇 개일까요?

124입니다.

마루

계산기로 나타내 보세요.

124

(아래 그림을 보여 주지 않고 가리개로 가리며)
가리개 밑에 10개 묶음 1개와 낱개 1개가 늘었습니다.
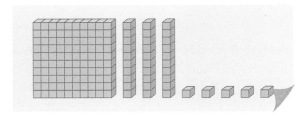는 모두 몇 개일까요?

135입니다.

계산기로 나타내 보세요.

124+11

(124에 11을 더한다.)

1 는 모두 몇 개일까요? 계산기로도 나타내 보세요.

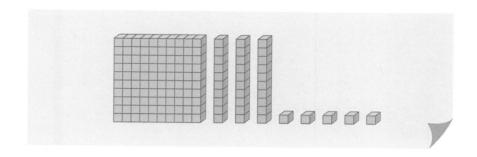

2 1번보다 10개 묶음 1개와 낱개 1개가 늘었습니다. 는 모두 몇 개일까요? 계산기로도 나타내 보세요.

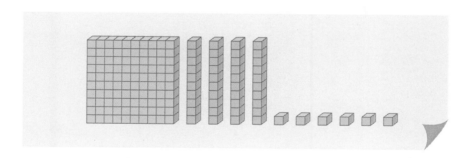

3 2번보다 10개 묶음 1개와 낱개 1개가 늘었습니다. 는 모두 몇 개일까요? 계산기로도 나타내 보세요.

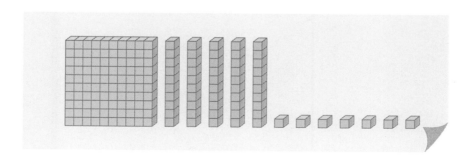

4 3번보다 10개 묶음 1개와 낱개 1개가 늘었습니다. 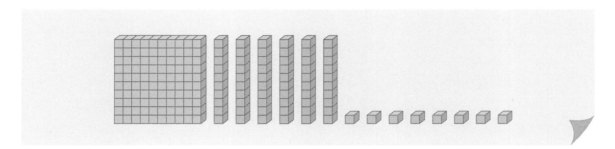는 모두 몇 개일까요? 계산기로도 나타내 보세요.

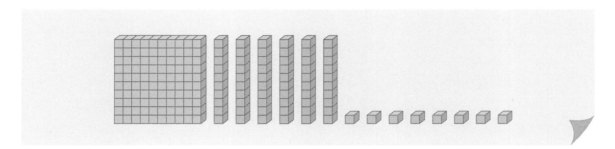

5 4번보다 10개 묶음 1개와 낱개 1개가 늘었습니다. 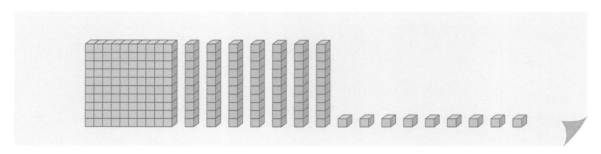는 모두 몇 개일까요? 계산기로도 나타내 보세요.

6 5번보다 10개 묶음 1개와 낱개 1개가 늘었습니다. 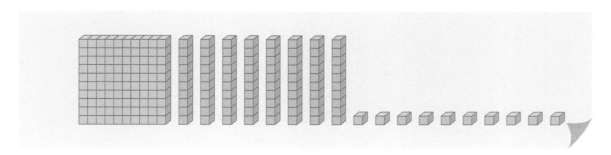는 모두 몇 개일까요? 계산기로도 나타내 보세요.

7 6번보다 10개 묶음 1개와 낱개 1개가 늘었습니다. 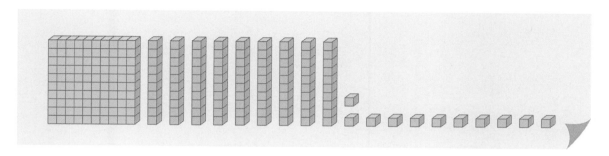는 모두 몇 개일까요? 계산기로도 나타내 보세요.

8 7번보다 10개 묶음 1개와 낱개 1개가 늘었습니다. 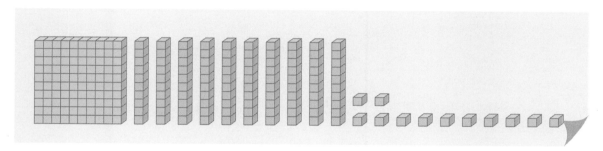는 모두 몇 개일까요? 계산기로도 나타내 보세요.

14. 10씩, 1씩 뛰어 세기(from NNN)(2)

함께 하기 는 모두 몇 개일까요?

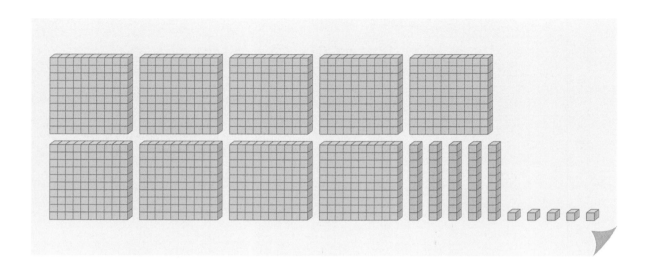

함께 하기 지시에 따라 가 몇 개인지 맞추어 보세요. 그리고 가리개를 열고 확인하세요.

❶ 〈함께 하기〉보다 10개 묶음 1개와 낱개 1개가 줄었습니다. 는 모두 몇 개일까요? 계산기로도 나타내 보세요.

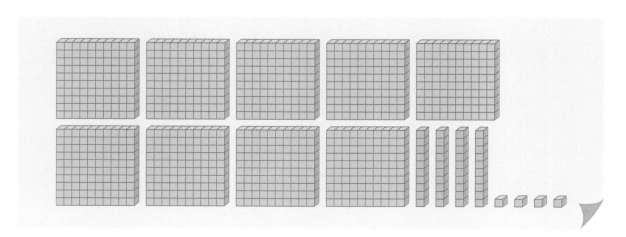

② 1번보다 10개 묶음 1개와 낱개 1개가 줄었습니다. 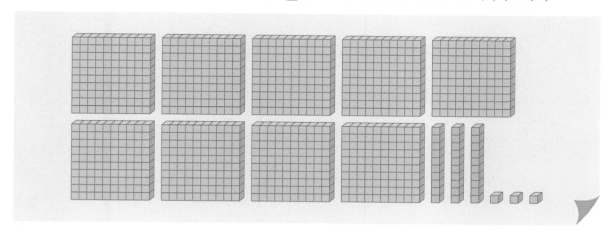는 모두 몇 개일까요? 계산기로도 나타내 보세요.

③ 2번보다 10개 묶음 1개와 낱개 1개가 줄었습니다. 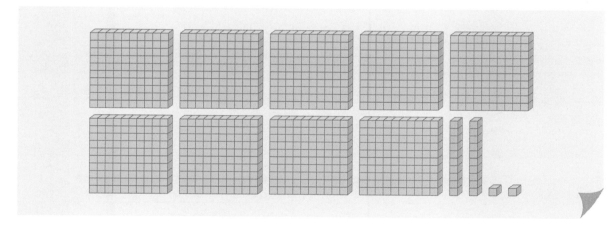는 모두 몇 개일까요? 계산기로도 나타내 보세요.

④ 3번보다 10개 묶음 1개와 낱개 1개가 줄었습니다. 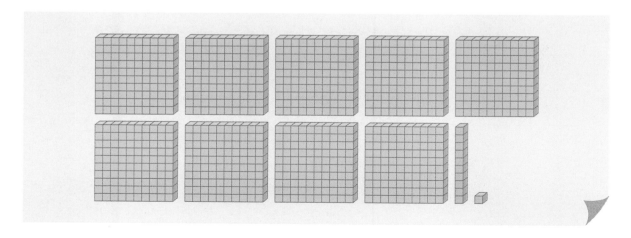는 모두 몇 개일까요? 계산기로도 나타내 보세요.

5 4번보다 10개 묶음 1개와 낱개 1개가 줄었습니다. 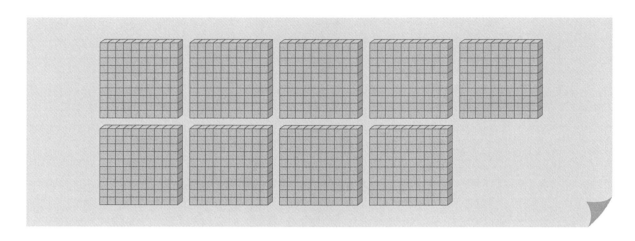는 모두 몇 개일까요? 계산기로도 나타내 보세요.

스스로 하기 십진 수모형을 이용하여 가리개로 수를 가리며 10씩 늘어나거나 줄어드는 수를 만들어 보세요.

1 316-326-336-346-356-366-376-386-396-406-416-426-436-446

2 458-448-438-428-418-408-418-428-438-448-458-468

3 536-526-516-506-496-486-476-466-456-446-436-426-416

4 58-68-78-88-98-88-78-68-58-48-38-28-18-8

Numeracy for All

계산
자신감

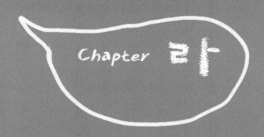

작은 덧셈

A단계

덧셈 감각

1. 첨가

2. 합병

3. 덧셈의 교환법칙

이해하기   '몇 개' 더 첨가하기

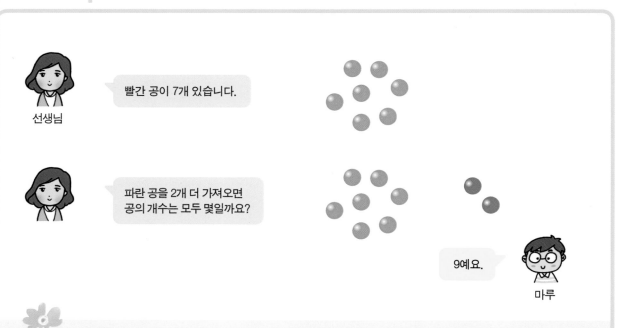

선생님

빨간 공이 7개 있습니다.

파란 공을 2개 더 가져오면
공의 개수는 모두 몇일까요?

9예요.

마루

Guide 첨가 상황은 원래 있던 공에서 새롭게 몇 개의 공을 가지고 온 상황을 표현해 주어야 합니다.
따라서 점 카드(부록 21~70), 바둑돌, 연결큐브와 같은 구체물을 활용하여 첨가되는 덧셈 상황을 반복적으로
제시하여 주는 것이 좋습니다.

함께 하기   공이 '몇 개' 더 생길 때 공의 개수는 모두 몇인지 알아봅시다.

❶ 원래 빨간 공이 6개 있었는데 파란 공이 3개 더 생겼습니다.
이제 공의 개수는 모두 몇일까요?

(   ) 개

이해하기 두 종류의 공 합병하기

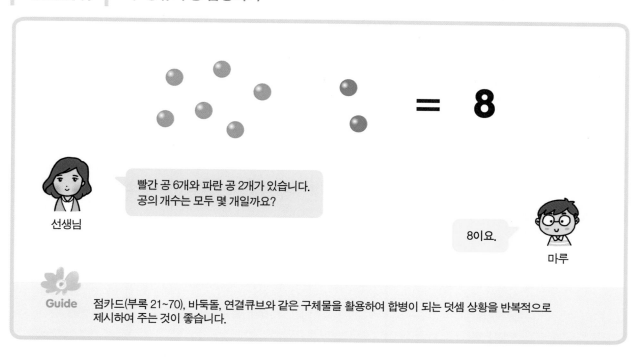

= **8**

선생님

빨간 공 6개와 파란 공 2개가 있습니다.
공의 개수는 모두 몇 개일까요?

8이요.

마루

Guide 점카드(부록 21~70), 바둑돌, 연결큐브와 같은 구체물을 활용하여 합병이 되는 덧셈 상황을 반복적으로 제시하여 주는 것이 좋습니다.

함께 하기 두 종류의 공의 개수는 모두 몇인지 알아봅시다.

❶ 마루는 빨간 공이 5개 있고 파란 공이 3개가 있습니다.
마루의 공의 개수는 모두 몇일까요?

=

❷ 마루는 빨간 공이 4개 있고 파란 공이 4개가 있습니다.
마루의 공의 개수는 모두 몇일까요?

=

3. 덧셈의 교환법칙

이해하기 　1) 바둑돌을 활용하여 덧셈의 교환법칙 알아보기

선생님

까만 점 8개와 흰 점 3개가 있어요. 점의 개수는 모두 몇일까요?
어떻게 풀었는지 설명해 봅시다.

● ● ● ● ● ● ● ●
○ ○ ○

흰 점 3개와 까만 점 8개가 있어요. 점의 개수는 모두 몇일까요?
어떻게 풀었는지 설명해 봅시다.

○ ○ ○
● ● ● ● ● ● ● ●

Guide　3+8과 8+3은 모두 값이 같다는 것을 설명하여 더하는 수의 순서가 달라지더라도 결과는 같다는 것을 알 수 있도록
지도해 주십시오.

함께 하기　덧셈의 교환법칙 알아봅시다.

❶ 여기 까만 점 12개와 흰 점 4개가 있어요. 점의 개수는 모두 몇일까요?
어떻게 풀었는지 설명해 봅시다.

여기 흰 점 4개와 까만 점 12개가 있어요. 점의 개수는 모두 몇일까요?
어떻게 풀었는지 설명해 봅시다.

2 여기 까만 점 8개와 흰 점 5개가 있어요. 점의 개수는 모두 몇일까요?
어떻게 풀었는지 설명해 봅시다.

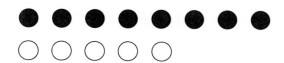

여기 흰 점 5개와 까만 점 8개가 있어요. 점의 개수는 모두 몇일까요?
어떻게 풀었는지 설명해 봅시다.

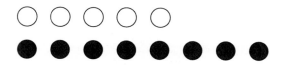

3 여기 까만 점 11개와 흰 점 4개가 있어요. 점의 개수는 모두 몇일까요?
어떻게 풀었는지 설명해 봅시다.

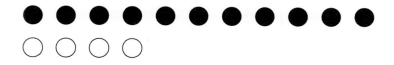

여기 흰 점 4개와 까만 점 11개가 있어요. 점은 모두 몇 개인가요?
어떻게 풀었는지 설명해 봅시다.

2) 수 구슬을 활용하여 덧셈의 교환법칙 알아보기

 선생님

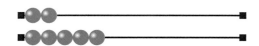

윗줄의 구슬이 2개, 아랫줄은 5개입니다.
구슬의 개수는 모두 몇인가요?
그렇다면 2+5는 얼마입니까?

윗줄에는 구슬 3개가 늘었고
아랫줄에서는 구슬 3개가 줄었습니다.
구슬의 개수는 모두 몇인가요?
5+2는 얼마입니까?

2+5는 5+2와 같다는 것을 알게 되었습니까?

 Guide

다음 수 구슬을 보고 각각 2+5과 5+2와 같이 수식으로 나타내고 모두 값이 같다는 것을 설명하여
더하는 수의 순서가 달라지더라도 결과는 같다는 것을 알 수 있도록 지도해 주십시오.
소프트웨어 구슬틀을 사용해보세요. https://www.mathlearningcenter.org/web-apps/number-rack/

함께 하기 덧셈의 교환법칙을 알아봅시다.

❶ 윗줄의 구슬이 4개, 아랫줄은 9개입니다.
구슬의 개수는 모두 몇인가요?
4+9는 얼마입니까?

윗줄에는 구슬 5개가 늘었고 아랫줄에서는 구슬 5개가 줄었습니다.
이제 구슬의 개수는 모두 몇인가요?
9+4는 얼마입니까?

4+9는 9+4와 같다는 것을 알게 되었습니까?

2 윗줄의 구슬이 3개, 아랫줄은 7개입니다.
구슬의 개수는 모두 몇인가요?
3+7은 얼마입니까?

윗줄에는 구슬 4개가 늘었고 아랫줄에서는 구슬 4개가 줄었습니다.
이제 구슬의 개수는 모두 몇인가요?
7+3은 얼마입니까?

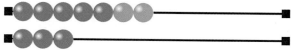

3+7은 7+3과 같다는 것을 알게 되었습니까?

3 윗줄의 구슬이 4개, 아랫줄은 8개입니다.
구슬의 개수는 모두 몇인가요?
4+8은 얼마입니까?

윗줄에는 구슬 4개가 늘었고 아랫줄에서는 구슬 4개가 줄었습니다.
이제 구슬의 개수는 모두 몇인가요?
8+4는 얼마입니까?

4+8은 8+4와 같다는 것을 알게 되었습니까?

전략 소개

선생님

선생님이 4+5를 풀어 보라고 했더니,
4명의 학생들이 다양한 전략을 생각해냈습니다.

토리

① 모두 세기

1, 2, 3, 4, 5, 6, 7, 8, 9.

새나

② 이어 세기(앞 수부터)

5, 6, 7, 8, 9.

두리

③ 이어 세기(큰 수부터)

4+5는 5+4와 같으니까.
6, 7, 8, 9.

하람

④ 두 배, 거의 두 배 지식 이용

4+4=8이므로, 4+5는 4+4보다
1만큼 크니까 9!

Guide 학생들의 덧셈 전략에 대한 이해도를 알아보기 위해 질문을 통해 확인하도록 합니다.

전략 토론하기   4+5를 푸는 방법에 대해 이야기해 봅시다.

❶

위의 친구들의 방법 중 어느 방법이 가장 효과적이라고 생각하나요?

❷

두리 : 4+5는 5+4와 같으니까. 6, 7, 8, 9.

토리는 두리의 방법을 보고 4+5는 5+4와 다르니까 답이 틀릴 것이라고 말했습니다.
토리의 생각에 찬성하나요?

❸

하람 : 4+4=8이므로, 8+1=9.

새나는 하람의 방법을 보고 자기는 4 더하기 5를 왜 4 더하기 4보다 1 큰지
이해가 가지 않는다고 하였습니다. 새나에게 설명해 줄 수 있습니까?

선생님

선생님이 8+9를 풀어보라고 했더니, 6명의 학생들이 다양한 전략을 생각해냈습니다.

토리

① 모두 세기

1, 2, 3, 4, 5, 6, 7, 8, 9, 10, 11, 12, 13, 14, 15, 16, 17.

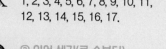
새나

② 이어 세기(앞 수부터)

9, 10, 11, 12, 13, 14, 15, 16, 17.

두리

③ 이어 세기(큰 수부터)

8+9는 9+8이랑 같으니까
10, 11, 12, 13, 14, 15, 16, 17

보배

④ 10 만들기

8+9를 풀기 위해 9를 2와 7로 가른 다음 8+2=10 → 10+7=17.

하람

⑤ 두 배, 거의 두 배 지식 이용

8+8=16이므로, 8 더하기9는 8 더하기 8보다 1 크므로 17!

나래

⑥ 더하고 빼기

8+9를 8+10으로 바꿔서 풀면 18, 여기서 1을 빼 주어야 하므로 17.

Guide 학생들의 덧셈 전략에 대한 이해도를 알아보기 위해 질문을 통해 확인하도록 합니다.

전략 토론하기 8+9를 푸는 방법에 대해 이야기해 봅시다.

 ❶

위의 친구들의 방법 중 어느 방법이 가장 효과적이라고 생각하나요?

 ❷

보배 : 8+9를 풀기 위해 9를 2와 7로 가른 다음 8+2=10 → 10+7=17.

토리는 하람의 방법을 보고 9를 2와 7로 가르는 것보다 8을 1과 7로 가르는 것이 더 쉽다고 하였습니다. 토리의 생각에 찬성하나요?

 ❸

나래 : 8+9를 8+10으로 바꿔서 풀면 18, 여기서 1을 빼주어야 하므로 17.

하람은 8 더하기 10으로 바꿔서 푼 다음에 1을 빼는 게 아니고 1을 더해야 한다고 하였습니다. 하람의 생각에 찬성하나요?

이해하기 점을 그린 다음 모두 세기

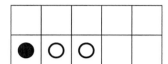

더하는 숫자만큼 점을 그려서 모두 세어 봐!

토리

$1 + 2 =$

 함께 하기 더하는 수만큼 점을 그린 다음 모두 세어 봅시다.

❶ $2 + 5 =$

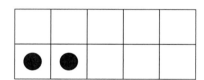

❷ $6 + 3 =$

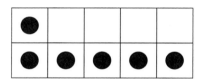

❸ $3 + 6 =$

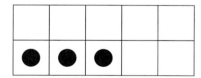

❹ $4 + 5 =$

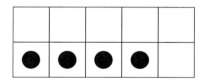

❺ $5 + 4 =$

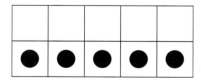

❻ $2 + 4 =$

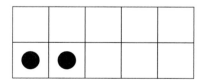

❼ $6 + 2 =$

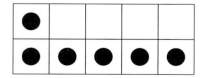

❽ $5 + 3 =$

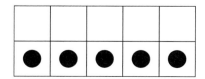

9 + 2 = ☐

더하는 숫자만큼 점을
그려서 모두 세어 봐!
하나 그리고 10,
또 하나 그리고 11

토리

함께 하기 | 더하는 수만큼 점을 그리면서 세어 봅시다.

① 9 + 4 = ☐ ⇒

② 9 + 5 = ☐ ⇒

③ 9 + 6 = ☐ ⇒

④ 9 + 3 = ☐ ⇒

⑤ 9 + 7 = ☐ ⇒

⑥ 8 + 6 = ☐ ⇒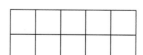

⑦ 8 + 3 = ☐ ⇒

⑧ 8 + 4 = ☐ ⇒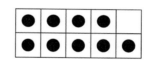

더하는 수만큼 점을 그리면서 세어 보세요.

① 7+4 = ⬜ ⇒

② 7+5 = ⬜ ⇒

③ 7+6 = ⬜ ⇒

④ 7+3 = ⬜ ⇒

⑤ 7+7 = ⬜ ⇒

⑥ 8+7 = ⬜ ⇒

⑦ 9+2 = ⬜ ⇒

⑧ 8+5 = ⬜ ⇒

⑨ 9+8 = ⬜ ⇒

⑩ 6+5 = ⬜ ⇒

⑪ 6+6 = ⬜ ⇒

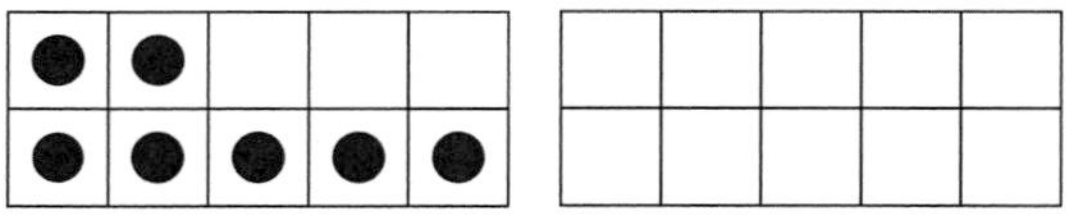

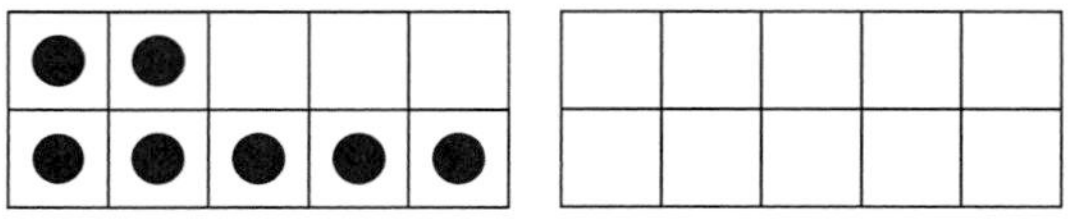

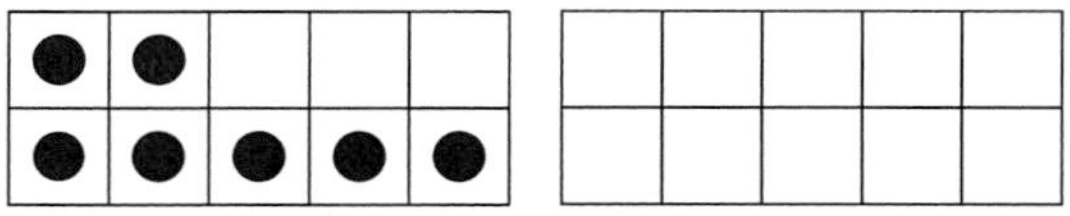

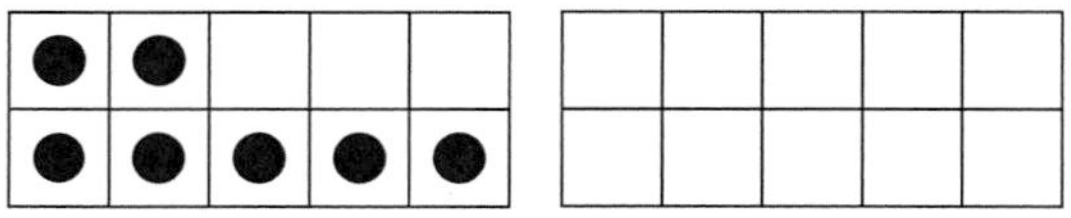

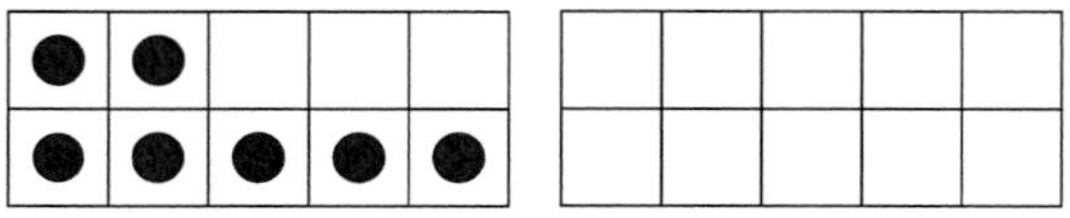

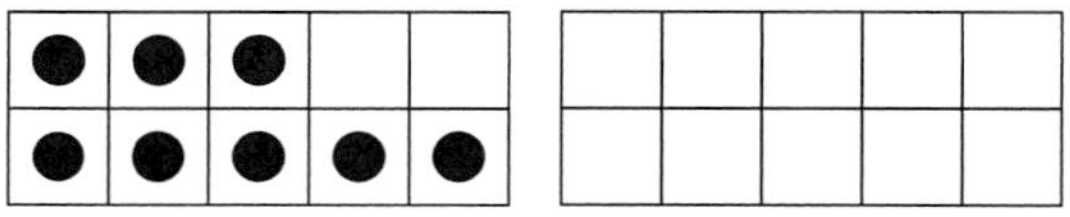

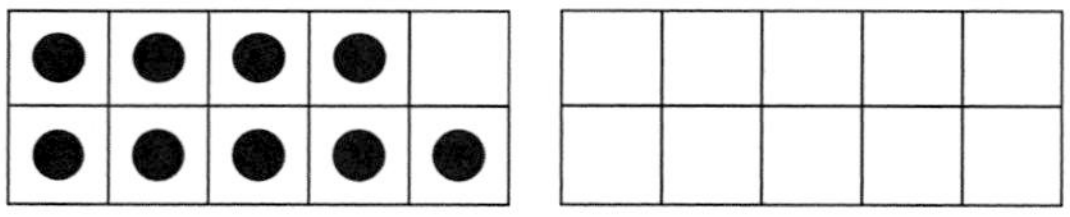

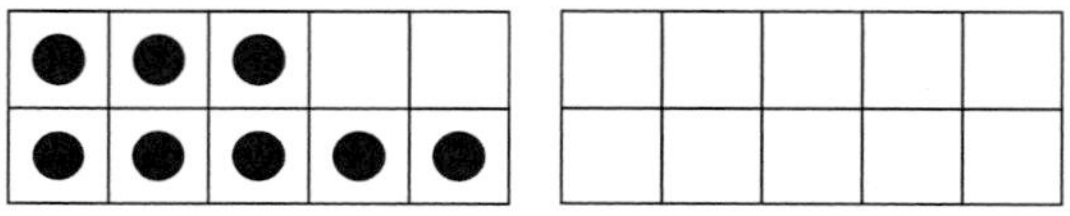

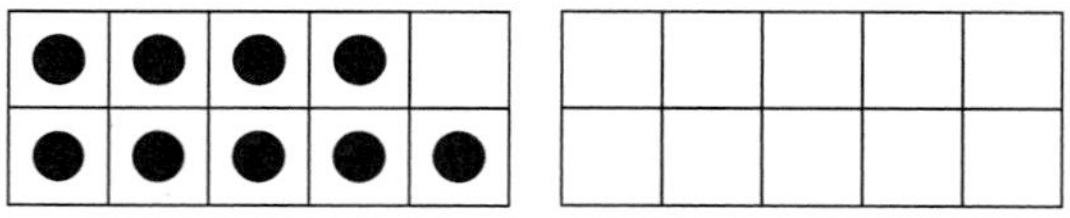

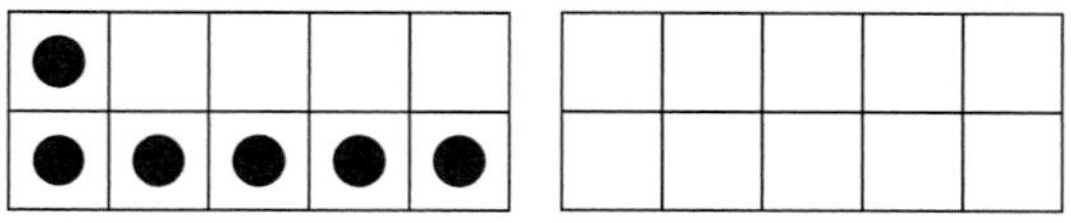

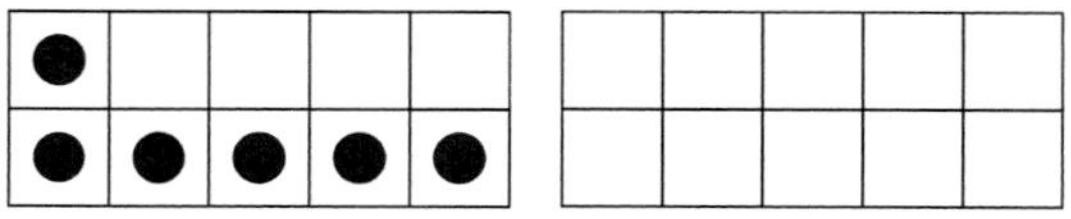

이해하기   도형만큼 이어 세기

| 5 | ◆ ◆ |

| 7 |

도형의 수만큼 6! 7!
이렇게 이어 세봐.

새나

함께 하기   도형의 개수만큼 이어 세어 봅시다.

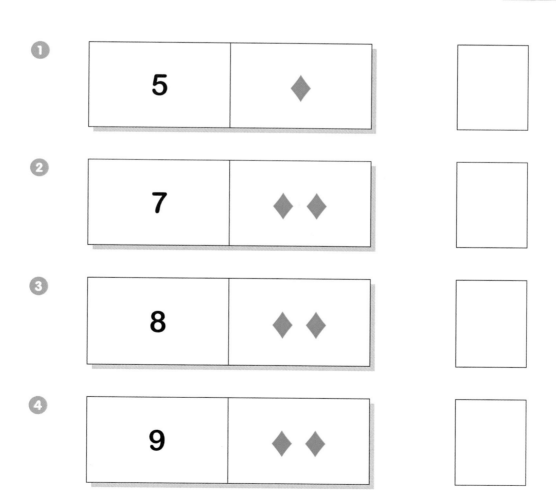

❶ | 5 | ◆ | □

❷ | 7 | ◆ ◆ | □

❸ | 8 | ◆ ◆ | □

❹ | 9 | ◆ ◆ | □

도형의 개수만큼 이어 세어 풀어보세요.

1

5	• • •

2

8	• • •

3

7	• • •

4

9	• • •

5

6	• • •

6

10	• • •

묻고 답하기   선생님이 덧셈 식을 불러주면 머릿속으로 계산하여 말하세요.

7+1=	1+1=	8+3=	6+3=	5+3=
7+3=	4+3=	3+3=	2+3=	10+3=
1+4=	3+4=	2+4=	5+4=	10+4=
6+4=	11+4=	7+4=	12+4=	13+3=

Guide   학생이 앞 수부터 이어 세서 암산할 수 있도록 도와주세요.

선생님

여기 보이는 빨간 점 5개를 가릴 거예요.

선생님

초록 점을 2개 더 가져오면
점의 개수는 모두 몇일까요?

가려진 점이 5개니까, 초록 점을 더 세면 6, 7.
답은 7입니다!

마루

Guide 초기에는 교사가 "여~~섯, 일곱!" 이렇게 중간 수를 늘려서 리듬감 있게 읽도록 유도합니다.
학생이 이어세기를 어려워한다면 손가락을 이용하여 이어 세도록 해주세요.
"손가락 5개를 펴고 2개를 더 펴 봐. 몇 개지?"라는 식으로 알려주세요.

함께 하기 | 점의 개수가 모두 몇인지 이어 세어 봅시다.

❶ 빨간 점 6개가 있어요. (빨간 점을 가리면서) 초록 점 3개도 있어요.
점이 6개와 3개 있네요.
점의 개수는 모두 몇인가요?

❷ 빨간 점 10개가 있어요. (빨간 점을 가리면서) 초록 점 2개도 있어요.
점이 10개와 2개 있네요.
점의 개수는 모두 몇인가요?

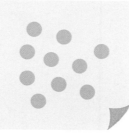

점의 개수가 모두 몇인지 이어 세어 봅시다.

1 빨간 점 6개가 있어요. (빨간 점을 가리면서) 초록 점 5개도 있어요.
점이 6개와 5개 있네요.
점의 개수는 모두 몇인가요?

2 빨간 점 6개가 있어요. (빨간 점을 가리면서) 초록 점 4개도 있어요.
점이 6개와 4개 있네요.
점의 개수는 모두 몇인가요?

3 빨간 점 5개가 있고 초록 점 3개도 있어요.
이제 초록점 3개를 가릴 거예요. (초록 점을 가리면서)
점의 개수는 모두 몇인가요?

4 빨간 점 8개가 있고 초록 점 3개도 있어요.
이제 초록점 3개를 가릴 거예요. (초록 점을 가리면서)
점의 개수는 모두 몇인가요?

이해하기　　두 종류의 점 중에서 많은 것부터 이어 세기

준비물 : 가리개

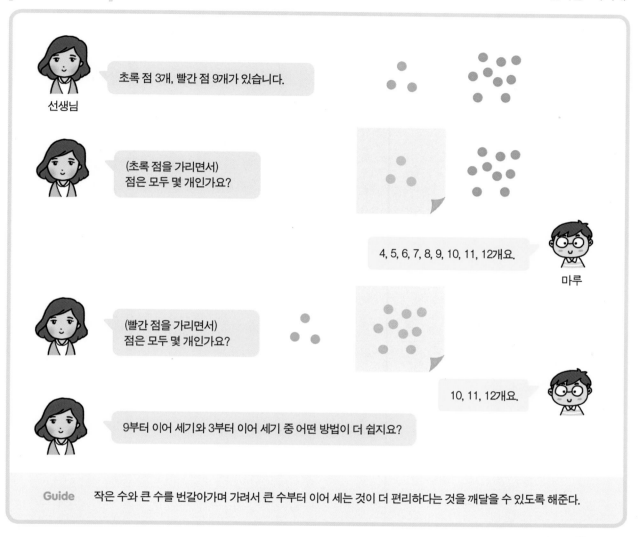

선생님: 초록 점 3개, 빨간 점 9개가 있습니다.

선생님: (초록 점을 가리면서) 점은 모두 몇 개인가요?

마루: 4, 5, 6, 7, 8, 9, 10, 11, 12개요.

선생님: (빨간 점을 가리면서) 점은 모두 몇 개인가요?

마루: 10, 11, 12개요.

선생님: 9부터 이어 세기와 3부터 이어 세기 중 어떤 방법이 더 쉽지요?

Guide　작은 수와 큰 수를 번갈아가며 가려서 큰 수부터 이어 세는 것이 더 편리하다는 것을 깨달을 수 있도록 해준다.

함께 하기　　많은 점과 적은 점 중 어느 것부터 이어 세는 것이 좋은지 알아봅시다.

① 초록 점 2개, 빨간 점 8개가 있어요. 번갈아가며 가린 뒤 점의 개수가 모두 몇인지 세어 보고 어떤 점부터 이어 세는 것이 쉬운지 말해 봅시다.

2 초록 점 4개, 빨간 점 5개가 있어요. 번갈아가며 가린 뒤 점의 개수가 모두 몇인지 세어 보고 어떤 점부터 이어 세는 것이 쉬운지 말해 봅시다.

3 초록 점 3개, 빨간 점 6개가 있어요. 번갈아가며 가린 뒤 점의 개수가 모두 몇인지 세어 보고 어떤 점부터 이어 세는 것이 쉬운지 말해 봅시다.

4 초록 점 2개, 빨간 점 10개가 있어요. 번갈아가며 가린 뒤 점의 개수가 모두 몇인지 세어 보고 어떤 점부터 이어 세는 것이 쉬운지 말해 봅시다.

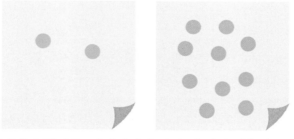

5 초록 점 4개, 빨간 점 8개가 있어요. 번갈아가며 가린 뒤 점의 개수가 모두 몇인지 세어 보고 어떤 점부터 이어 세는 것이 쉬운지 말해 봅시다.

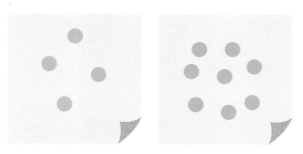

♦ ♦ ♦	7

10

7부터 세어 봐요.
7을 도형으로 생각하고
3개의 도형을 더해 봐요.
8, 9, 10!
답은 10이에요.

두리

함께 하기   큰 수에 도형의 개수만큼 이어 세어 봅시다.

❶

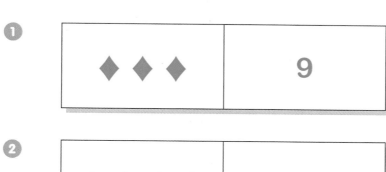

♦ ♦ ♦	9

❷

♦ ♦ ♦ ♦	8

❸

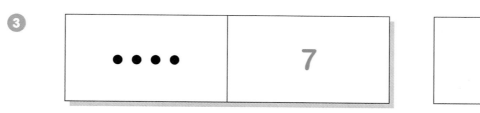

● ● ● ●	7

❹

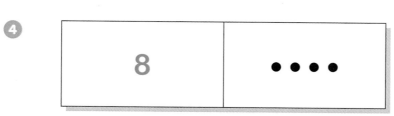

8	● ● ● ●

이해하기   1) 10을 만든 후 더하기

보배

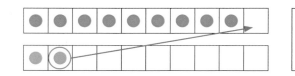

10을 만든 후
나머지를 더하면 쉬워!

함께 하기   10을 만든 후 더해 봅시다.

❶

❷

❸

❹

❺

❻

2) 10을 만든 후 더하기

5와 5를 더해 10을 만든 후에 다른 수를 더하면 쉬워!

보배

$\Rightarrow$ 6 + 7 = **13**

함께 하기   10을 만든 후 더해 봅시다.

❶ 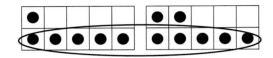 $\Rightarrow$ 6 + 8 =

❷ $\Rightarrow$ 7 + 5 =

❸ $\Rightarrow$ 8 + 6 =

❹ $\Rightarrow$ 9 + 5 =

❺ $\Rightarrow$ 9 + 6 =

❺ $\Rightarrow$ 8 + 7 =

10을 만든 후 더해 보세요.

❶ $\Rightarrow$ 6+6=

❷ $\Rightarrow$ 7+6=

❸ $\Rightarrow$ 8+5=

❹ $\Rightarrow$ 7+9=

❺ $\Rightarrow$ 9+7=

❻ $\Rightarrow$ 5+9=

❼ $\Rightarrow$ 6+5=

묻고 답하기   선생님이 덧셈 식을 불러주면 머릿속으로 계산하여 말하세요.
보배와 같이 10을 만드는 방법으로 풀었나요? 아니면 다른 방법으로 풀었나요?

| 5+6= | 5+9= | 5+5= | 6+7= |
| 5+8= | 6+8= | 7+8= | 7+9= |

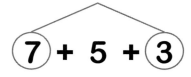

$7 + 5 + 3$

7와 3를 더해 10을 만든 후에 다른 수를 더하면 쉬워!

$= 10 + 5 = 15$

보배

Guide　10의 보수 알기 놀이를 진행해 주십시오. 교사가 "7!"이라고 말하면 학생이 "3!"이라고 말하는 식으로 숫자 짝만들기를 진행하셔도 좋고, 손가락을 7개 펴고, "10이 되려면 몇 개가 더 펴져야 하지(구부러진 손가락 3개를 힌트로 제시)?" 하고 대화를 나눠도 좋습니다.

함께 하기　　10을 만든 후 더해 봅시다.

1　　$2+4+8$　　　=

2　　$6+7+4$　　　=

3　　$9+7+1$　　　=

4　　$3+8+7$　　　=

5　　$4+7+6$　　　=

①   8+2+8   =

②   1+5+9   =

③   4+8+2+6   =

④   1+3+9+7   =

⑤   3+5+5+6   =

⑥   2+1+4+9   =

⑦   3+3+4+7   =

선생님

윗줄은 구슬이 9개, 아랫줄은 2개입니다.
구슬의 개수는 모두 몇인가요?

11이요.

마루

아랫줄에서 1개를 윗줄로 옮겨 봅시다.
윗줄과 아랫줄의 개수는 모두 몇인가요?

윗줄 10개, 아랫줄 1개요.

9개인 윗줄로 1개를 옮기면 10이 되고,
이후에 남은 것 1개만 세면 되므로 쉽습니다.

Guide 소프트웨어 구슬틀을 사용해보세요.
https://www.mathlearningcenter.org/web-apps/number-rack/

함께 하기 10을 만든 후 더해 봅시다.

① 9 + 3 =

② 9 + 4 =

③ 9 + 5 =

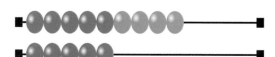

④ 9 + 7 =

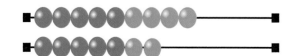

1 $9 + 8 =$

2 $9 + 9 =$

3 $8 + 3 =$

4 $8 + 4 =$

5 $8 + 5 =$

6 $8 + 7 =$

7 $7 + 6 =$

8 $7 + 4 =$

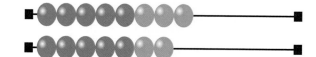

6. 한 자리 덧셈 전략 : 두 배, 거의 두 배 지식 이용

함께 하기 같은 줄에 있는 비행기가 모두 몇 대인지 두 배 지식을 이용하여 빈칸에 답을 적어 봅시다.

1+1		
2+2		
3+3		
4+4		
5+5		
6+6		
7+7		
8+8		
9+9		

묻고 답하기 선생님이 덧셈 식을 불러주면 머릿속으로 계산하여 말하세요.

1+1=   2+2=   3+3=   4+4=   5+5=

6+6=   7+7=   8+8=   9+9=

Guide   학생들의 덧셈 전략에 대한 이해도를 알아보기 위해 질문을 통해 확인하도록 합니다.

손가락을 활용한 두 배 지식

선생님

(손가락을 펴면서) 손가락 2개씩 펴면 손가락의 개수는 모두 몇인가요?

4예요.
마루

(손가락을 하나 더 펴면서) 손가락 하나 더 펴면 손가락의 개수는 모두 몇인가요?

5예요.

Guide 학생이 두 배 지식을 훈련한 뒤에 두 배+1 지식, 두 배+2 지식을 연습하도록 도와주는 활동입니다.

함께 하기 손가락을 활용하여 두 배 지식 및 거의 두 배 지식을 익혀 봅시다.

➊ (손가락을 3개씩 편 뒤에) 손가락을 하나 더 펴면 모두 몇 개가 될까요?

➋ (손가락을 3개씩 편 뒤에) 손가락을 두 개 더 펴면 모두 몇 개가 될까요?

➌ (손가락을 4개씩 편 뒤에) 손가락을 하나 더 펴면 모두 몇 개가 될까요?

➍ (손가락을 4개씩 편 뒤에) 손가락을 두 개 더 펴면 모두 몇 개가 될까요?

➎ (손가락을 2개씩 편 뒤에) 손가락을 두 개 더 펴면 모두 몇 개가 될까요?

묻고 답하기 선생님이 덧셈 식을 불러주면 머릿속으로 계산하여 말하세요.

$1+2=$　　$2+3=$　　$3+4=$　　$4+5=$　　$5+6=$

$6+7=$　　$7+8=$　　$8+9=$　　$9+10=$

Guide 학생들의 덧셈 전략에 대한 이해도를 알아보기 위해 질문을 통해 확인하도록 합니다.

선생님

윗줄에 4개, 아랫줄에 5개가 있습니다.
네모칸의 4개, 4개를 제외하면 몇 개가
더 있는 것일까요?

모두 1개가 더 있어요.
4개, 4개에 하나가 더 있어요.

마루

아랫줄의 5개를 윗줄로 보냈어요.
구슬의 개수는 모두 몇인가요?

9예요.

'4개+4개는 8개'라는 두 배 지식을
알고 있으니 거기에 1개가 더 있으면 9개네요.

Guide 소프트웨어 구슬틀을 사용해보세요.
https://www.mathlearningcenter.org/web-apps/number-rack/
연필로 직접 위의 구슬 4개, 아래 구슬 4개를 표시하여 곱절 지식을 활용하도록 해주세요.

함께 하기   수 구슬을 활용하여 두 배 지식 및 거의 두 배 지식을 익혀 봅시다.

❶ $3+4=$

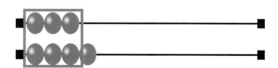

❷ $4+3=$

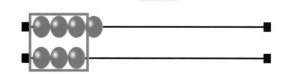

❸ $7+8=$

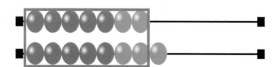

❹ $8+7=$

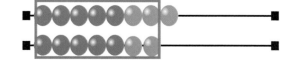

스스로 하기 수 구슬을 활용하여 계산해 보세요.

① $8+9=$ ☐

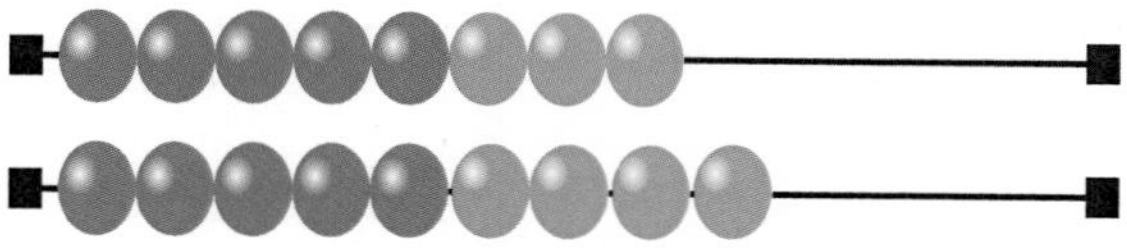

② $9+8=$ ☐

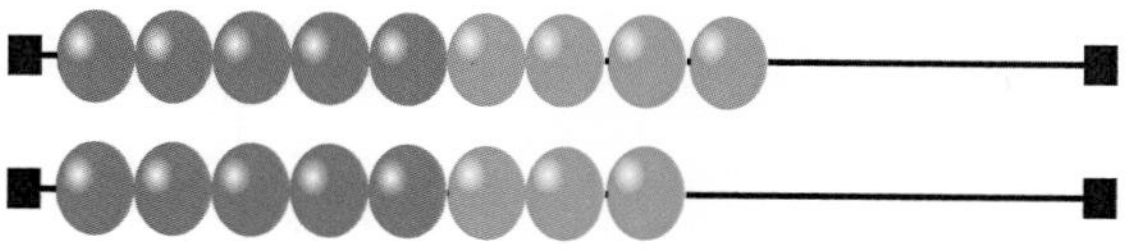

③ $9+10=$ ☐

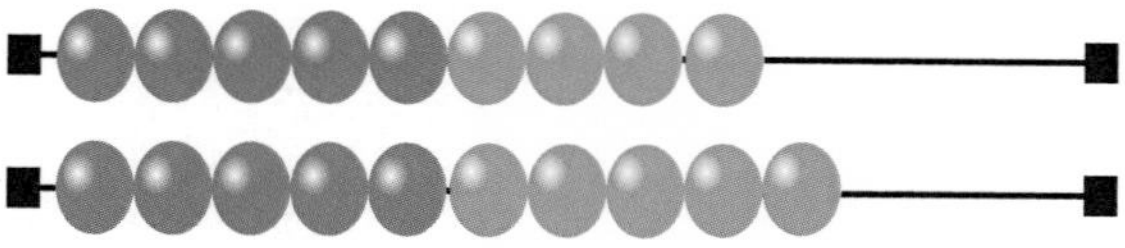

④ $10+9=$ ☐

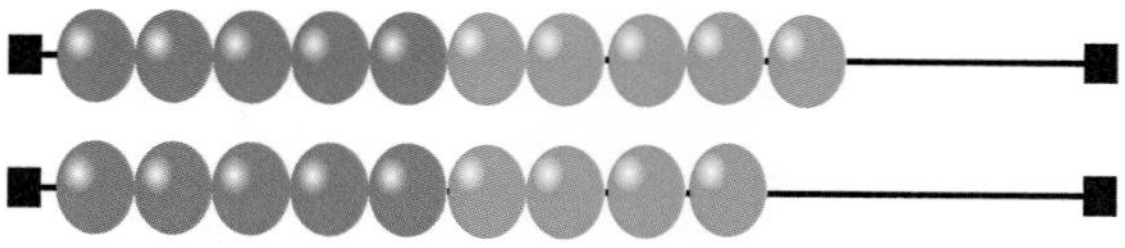

⑤ $6+8=$ ☐

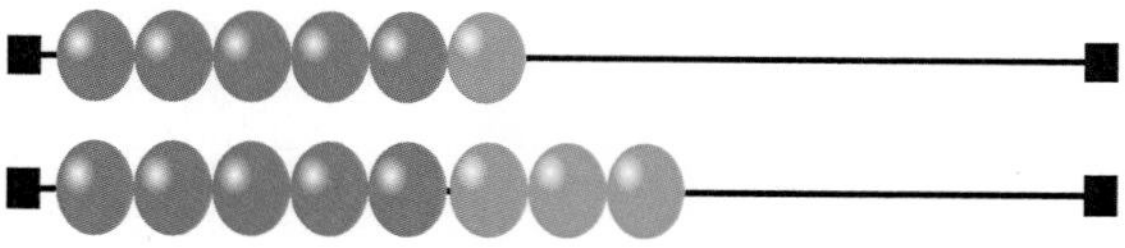

⑥ $8+6=$ ☐

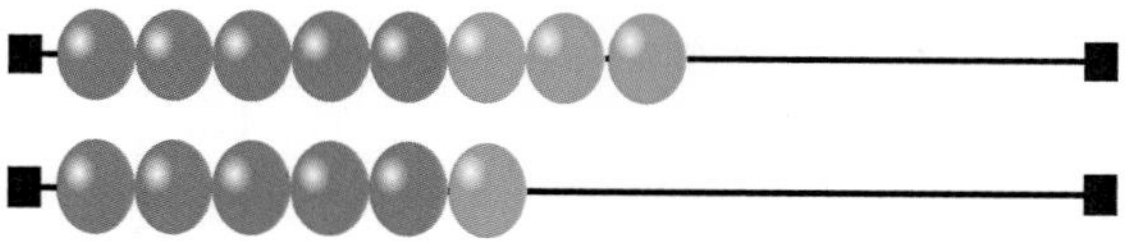

⑦ $7+6=$ ☐

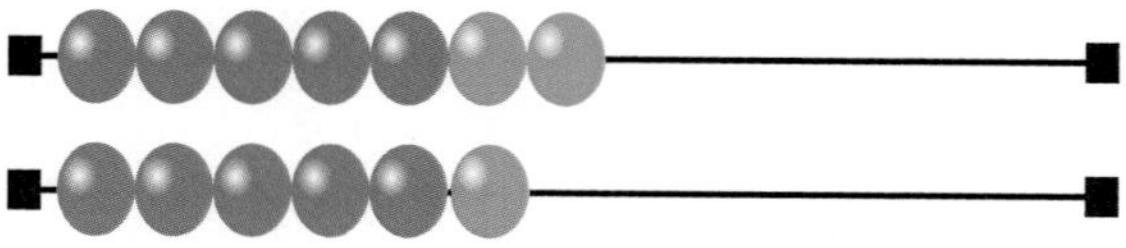

⑧ $6+7=$ ☐

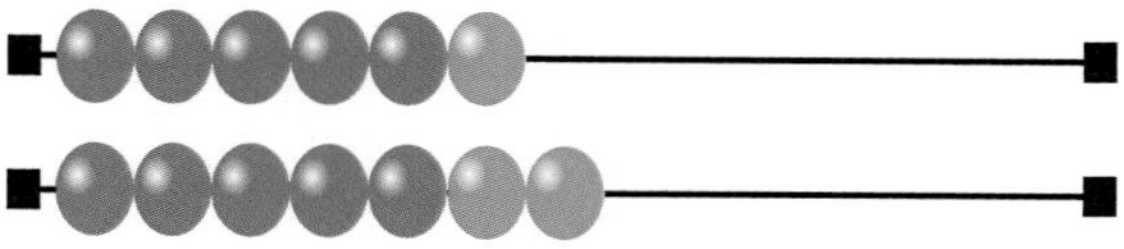

선생님

문어다리가 보이는 두 배 카드를 찾아보세요.

8 + 8 = 16

Guide 부록에 있는 두 배 카드를 잘라서 알맞은 것을 찾아보도록 해 주세요.
두 수가 모여서 두 배가 되었을 때의 값을 알고 이를 덧셈 식으로 나타내어 보는 것이 중요합니다.
다른 두 배 카드로 같은 활동을 더 해보세요. 반복학습이 중요합니다.

선생님

여기 문어다리의 개수가 몇인가요?

8이요.

하나

그럼 문어가 2마리이면
다리의 개수가 모두 몇인가요?

문어다리가 8개, 8개 해서 총 16개입니다.

문어 2마리의 다리 개수를 덧셈 식으로 나타내 볼까요?

8+8은….

두 배 카드를 보면서 말해봅시다. 문어 2마리의 다리 개수는
각각 8개씩이므로 8+8=16입니다.

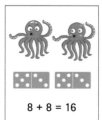

8 + 8 = 16

이해하기   1) 더하고 빼면서 풀기

$$5 + 9 = 5 + 10 - 1$$

1	2	3	4	5	6	7	8	9	10
11	12	13	14	15	16	17	18	19	20

9를 더할 때는 먼저 10을 더한 후 1을 빼서 푸는 것이 좋아.

나래

함께 하기   10을 더하고, 나머지를 빼면서 풀어봅시다.

① 4 + 9 =

1	2	3	4	5	6	7	8	9	10
11	12	13	14	15	16	17	18	19	20

② 6 + 9 =

1	2	3	4	5	6	7	8	9	10
11	12	13	14	15	16	17	18	19	20

③ 7 + 9 =

1	2	3	4	5	6	7	8	9	10
11	12	13	14	15	16	17	18	19	20

묻고 답하기   선생님이 덧셈 식을 불러주면 머릿속으로 계산하여 말하세요.

4+9 =   5+9 =   3+9 =

8+9 =   7+9 =   6+9 =

Guide   학생들의 덧셈 전략에 대한 이해도를 알아보기 위해 질문을 통해 확인하도록 합니다.

2) 더하고 빼면서 풀기

$$5 + 8 = 5 + 10 - 2$$

1	2	3	4	5	6	7	8	9	10
11	12	13	14	15	16	17	18	19	20

8을 더할 때는 먼저 10을 더한 후 2를 빼서 푸는 것이 좋아.

나래

함께 하기   10을 더하고, 나머지를 빼면서 풀어봅시다.

❶ 4 + 8 = ⬜

1	2	3	4	5	6	7	8	9	10
11	12	13	14	15	16	17	18	19	20

❷ 6 + 8 = ⬜

1	2	3	4	5	6	7	8	9	10
11	12	13	14	15	16	17	18	19	20

❸ 7 + 8 = ⬜

1	2	3	4	5	6	7	8	9	10
11	12	13	14	15	16	17	18	19	20

묻고 답하기   선생님이 덧셈 식을 불러주면 머릿속으로 계산하여 말하세요.

4+8=   5+8=   3+8=

6+8=   7+8=   9+8=

Guide   학생들의 덧셈 전략에 대한 이해도를 알아보기 위해 질문을 통해 확인하도록 합니다.

1   3 + 9 =

1	2	3	4	5	6	7	8	9	10
11	12	13	14	15	16	17	18	19	20

2   3 + 8 =

1	2	3	4	5	6	7	8	9	10
11	12	13	14	15	16	17	18	19	20

3   9 + 8 =

1	2	3	4	5	6	7	8	9	10
11	12	13	14	15	16	17	18	19	20

4   8 + 9 =

1	2	3	4	5	6	7	8	9	10
11	12	13	14	15	16	17	18	19	20

5   6 + 9 =

1	2	3	4	5	6	7	8	9	10
11	12	13	14	15	16	17	18	19	20

이해하기　덧셈산 완성하기

선생님　다음과 같이 덧셈산을 읽어 보세요.

$$\boxed{\begin{array}{c} 1\ 1 \\ 2 \end{array}}$$

'1 더하기 1은 2'

Guide　덧셈 유창성 훈련은 덧셈이 숙달된 단계에서 실시해 주십시오. 먼저 덧셈산을 읽어 보고 난 뒤에 스스로 빈칸을 채우는 활동을 하도록 해 주십시오. 숙달된 단계에서는 문제를 푸는 속도도 빨라지게 됩니다. 따라서 이때 학생의 문제 해결 속도를 측정하는 것이 핵심입니다.

함께 하기　덧셈산을 최대한 빨리 읽어보세요.

								1 1 **2**
							2 1 **3**	1 2 **3**
						3 1 **4**	2 2 **4**	1 3 **4**
					4 1 **5**	3 2 **5**	2 3 **5**	1 4 **5**
				5 1 **6**	4 2 **6**	3 3 **6**	2 4 **6**	1 5 **6**
			6 1 **7**	5 2 **7**	4 3 **7**	3 4 **7**	2 5 **7**	1 6 **7**
		7 1 **8**	6 2 **8**	5 3 **8**	4 4 **8**	3 5 **8**	2 6 **8**	1 7 **8**
	8 1 **9**	7 2 **9**	6 3 **9**	5 4 **9**	4 5 **9**	3 6 **9**	2 7 **9**	1 8 **9**
9 1 **10**	8 2 **10**	7 3 **10**	6 4 **10**	5 5 **10**	4 6 **10**	3 7 **10**	2 8 **10**	1 9 **10**

								1 1 **2**
							2 1 **3**	1 2 **3**
						□ 1 **4**	2 □ **4**	□ 3 **4**
					□ 1 **5**	□ 2 **5**	□ 3 **5**	□ 4 **5**
				□ 1 **6**	□ 2 **6**	□ 3 **6**	□ 4 **6**	□ 5 **6**
			6 □ **7**	5 □ **7**	□ 3 **7**	□ 4 **7**	2 □ **7**	1 □ **7**
		7 □ **8**	□ 2 **8**	5 3 **8**	□ 4 **8**	□ 5 **8**	□ 6 **8**	1 □ **8**
	8 □ **9**	7 □ **9**	6 3 **9**	5 4 **9**	4 □ **9**	□ 6 **9**	□ 7 **9**	□ 8 **9**
9 □ **10**	8 □ **10**	□ 3 **10**	□ 4 **10**	□ 5 **10**	□ 6 **10**	□ 7 **10**	□ 8 **10**	1 9 **10**

●날   짜 : ＿＿＿＿＿＿＿＿＿＿＿

●합산 점수 : ＿＿＿＿＿＿＿＿ / 40

●걸린 시간 : ＿＿＿＿＿＿＿＿＿

2) 빈칸을 최대한 빨리 채워 보세요.

								1 ☐ **2**
							☐ 1 **3**	1 2 **3**
						3 1 **4**	2 ☐ **4**	☐ 3 **4**
					☐ 1 **5**	☐ 2 **5**	☐ 3 **5**	☐ 4 **5**
				☐ 1 **6**	4 ☐ **6**	☐ 3 **6**	☐ 4 **6**	☐ 5 **6**
			6 ☐ **7**	5 ☐ **7**	☐ 3 **7**	☐ 4 **7**	2 ☐ **7**	1 ☐ **7**
		7 ☐ **8**	☐ 2 **8**	☐ 3 **8**	☐ 4 **8**	☐ 5 **8**	☐ 6 **8**	1 ☐ **8**
	8 ☐ **9**	7 ☐ **9**	☐ 3 **9**	☐ 4 **9**	4 ☐ **9**	☐ 6 **9**	☐ 7 **9**	☐ 8 **9**
9 ☐ **10**	8 2 **10**	☐ 3 **10**	6 4 **10**	5 ☐ **10**	☐ 6 **10**	3 7 **10**	☐ 8 **10**	1 9 **10**

- 날   짜 : _____

- 합산 점수 : _____ / 40

- 걸린 시간 : _____

선생님

다음과 같이 100칸 덧셈을 해 보세요. 완성한 뒤 10이 되는 덧셈에는 보라색,
두 배가 되는 덧셈에는 주황색으로 색칠해 보세요.

Guide 덧셈의 숙달의 최종 단계는 덧셈 유창성 훈련입니다. 0~9까지 숫자를 자유자재로 더하는 활동을 충분히 함으로써
덧셈의 유창성을 높일 수 있습니다. 미국 등에서 연구를 통해 초등학교 1~3학년까지는 1개당 3초 안에 풀고,
4~6학년까지는 1개당 1.5초 안에 풀어야 유창하다고 봅니다. 또한 일본 등의 아시아권에서는 1개당 1.2초를
기준으로 봅니다. 이 교재를 통해 유창성 훈련을 하실 때는 하루에 1회기를 10분 이하로 진행해 주십시오. 하루에
2회기, 3회기로 실시하실 수는 있지만 한 번에 10분이 넘지 않도록 해주십시오.

함께 하기 덧셈구구표를 최대한 빨리 채워보세요.

+	0	1	2	3	4	5	6	7	8	9
0										
1										
2										
3										
4										
5										
6										
7										
8										
9										

빈칸을 최대한 빨리 채워 보세요.

+	1	3	0	2	9	5	6	8	7	4
0										
1										
2										
3										
4										
5										
6										
7										
8										
9										

● 날   짜 : _____

● 합산 점수 : _____ / 100

● 걸린 시간 : _____

Guide　1~3학년은 문제를 푸는 데 300초 이상 걸리면 더 연습하도록 해주시고 4~6학년은 120초 이상
걸리면 더 연습시켜 주세요. 또한 점수가 95점 이하여도 더 연습시켜 주세요.
다른 덧셈구구 연습지를 인터넷에서 내려받아 연습해보세요.

준비물 : 덧셈카드 및 수직선카드(부록 131~230)

선생님

왼쪽의 덧셈 식에 알맞은 덧셈카드와 수직선카드를 찾아봅시다.

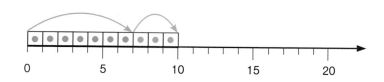

7+3

Guide 부록에 있는 덧셈 식, 수직선카드를 각각 잘라서 알맞은 것을 찾아보도록 해 주세요.
선생님과 학생이 함께 해도 되고, 학생들끼리 카드를 활용하여 게임을 진행해도 좋습니다.

선생님

여기 7+3 카드가 있네요. 7+3는 얼마일까요?

10이요.

하나

선생님

7+3 카드에 알맞은 수직선을 찾아볼까?

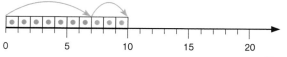

(수직선 카드 중에서 찾으면서)
이것처럼 7칸 갔다가 3칸 앞으로 간 것이에요.

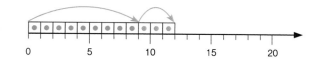

그럼 이 수직선에 알맞은 카드는 무엇일까?

(덧셈 식 카드 중에서 찾으면서)
9+3 카드예요.

선생님

> 덧셈카드를 활용하여 여러 가지 활동을 해 봅시다.

| 7 |

| 1+6 | 2+5 | 3+4 | 4+4 |
| 4+3 | 5+2 | 6+1 | 2+4 |

Guide 부록에 있는 숫자카드, 덧셈카드를 각각 잘라서 알맞은 것을 찾아보도록 해 주세요.
선생님과 학생이 번갈아가면서 찾아도 되고, 여러 학생이 같이 게임해도 좋습니다.

선생님

> 여기 7 카드가 있네요.
> 더해서 7이 되는 덧셈카드를 찾아보세요.

| 7 |

| 1+6 | 2+5 | 3+4 |
| 4+3 | 5+2 | 6+1 |

하나

선생님

> 또 다른 놀이를 해 볼까요?
> 여기 중앙의 카드를 뒤집은 뒤 더해서
> 7보다 작은 것은 왼쪽,
> 같은 것은 중앙,
> 큰 것은 오른쪽에 놓아 봅시다.

| 7 | |

숫자카드를 잠깐 보여주고 뒤집는다.

| 2+4 | | 1+6 | 2+5 | 3+4 | | 4+4 |

작은 것   같은 것   큰 것

선생님

다음과 같은 덧셈카드를 찾아 줄에 매달아 봅시다.

6+1	6+2	6+3	6+4

Guide   더하는 수가 1씩 커지도록 덧셈카드를 매달아 보도록 합니다. 바닥에 순서대로 놓아도 됩니다.
덧셈 식을 어려워하는 학생에게 연산식을 연속적으로 보고 말하도록 하는 것은 효과적입니다.
덧셈 식을 매달아서 학생이 언제든 보고 연습할 수 있도록 도와주세요.
1~10까지 연속되는 덧셈을 모두 경험해 보도록 해 주세요.

선생님

(7, 8, 9 답을 달아주면서) 다음과 같이 연속으로 매달려 있는 덧셈 식을 읽어 봅시다.

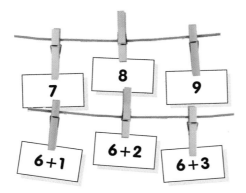

6+1=7, 6+2=8, 6+3=9 … (계속)

선생님이 답을 모두 떼어 냈습니다.
연습을 충분히 했으니 덧셈카드만 보고 식을 말해보세요.

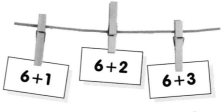

6+1=7, 6+2=8, 6+3=9 … (계속)

이번에는 모두 떼어 냈습니다. 연속되는 덧셈카드를 찾아
차례대로 매달아 보고 덧셈 식을 말해보세요.

Numeracy for All

계산
자신감

Chapter 마

작은 뺄셈

A단계

뺄셈 감각

이해하기　'몇 개' 제거해보기

준비물 : 가리개

선생님

빨간 공을 잠시 보여 주고 가리개로 가립니다.

공이 7개 있었는데 친구가 2개를 가져갔습니다.
남아 있는 공의 개수는 모두 몇인가요?

5예요.

마루

(가리개를 치우면서) 공을 2개 지우고,
답이 맞는지 확인해 봅시다.

연필로 공을 지우면서
답을 확인한다.

Guide　처음에 제시할 때는 빨간 공을 '잠시만' 보여 주고 가리개로 가린 뒤에 뺄셈상황을 제시하도록 합니다.

함께 하기　공의 개수가 모두 몇인지 계산해 봅시다.

❶ (빨간 공을 잠깐 보여 주고 가리개로 가리면서)
공이 6개 있었는데 친구가 3개를 가져갔습니다. 남아 있는 공의 개수는 모두 몇인가요?
(가리개를 열고 공을 지운 다음, 답이 맞는지 확인해 보세요.)

(　　　) 개

2 (빨간 공을 잠깐 보여 주고 가리개로 가리면서)
공이 10개 있었는데 친구가 4개를 가져갔습니다. 남아 있는 공의 개수는 모두 몇인가요?
(가리개를 열고 공을 지운 다음, 답이 맞는지 확인해 보세요.)

(   ) 개

3 (빨간 공을 잠깐 보여 주고 가리개로 가리면서)
공이 8개 있었는데 친구가 5개를 가져갔습니다. 남아 있는 공의 개수는 모두 몇인가요?
(가리개를 열고 공을 지운 다음, 답이 맞는지 확인해 보세요.)

(   ) 개

4 (빨간 공을 잠깐 보여 주고 가리개로 가리면서)
공이 7개 있었는데 친구가 3개를 가져갔습니다. 남아 있는 공의 개수는 모두 몇인가요?
(가리개를 열고 공을 지운 다음, 답이 맞는지 확인해 보세요.)

(   ) 개

이해하기   도형의 개수 비교해보기

선생님: 오른쪽과 왼쪽의 도형의 개수가 같은가요? 아니면 차이가 있나요?

차이가 있어요.   마루

선생님: 한 개씩 번갈아 지워볼까요? 차이가 얼마나 나지요?

3개예요.
(도형을 지우면서)

> **Guide**   문제를 어떻게 풀었는지 확인합니다. 연습을 계속 했는데도 하나씩 지우는 학생은 미숙한 상태이므로 2~3개 묶어서 지울 수 있도록 유도해 주세요.

함께 하기   오른쪽과 왼쪽의 도형의 개수의 차이를 세지 않고 알아본 다음 지워 보면서 차이 나는 만큼 빈칸에 숫자를 써 봅시다.

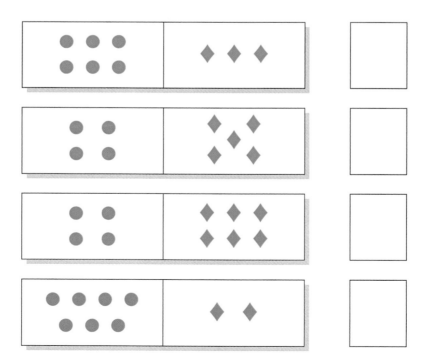

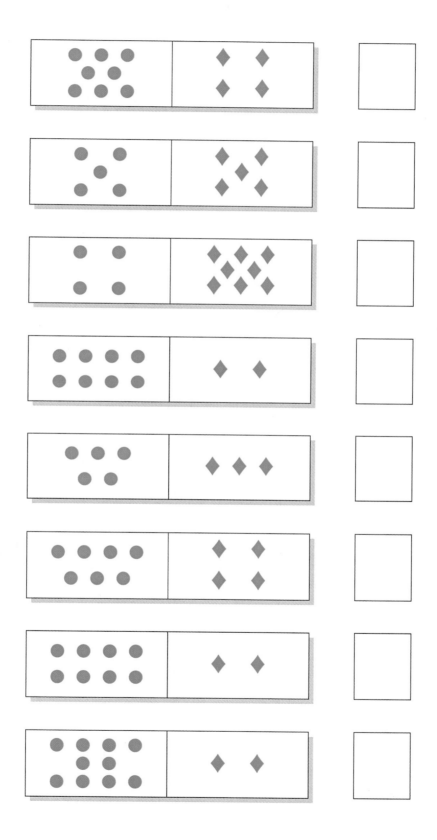

바둑돌 비교해보기

선생님

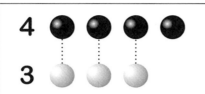
검은 공 4개, 흰 공이 3개 있네요. 검은 공이 흰 공보다 몇 개 많나요?

4 ● ● ● ●
3 ○ ○ ○

$\Rightarrow$ 4 − 3 = 1

함께 하기 흰 공보다 검은 공이 얼마나 많은지 알아보려 합니다.
공끼리 점선으로 짝지은 후 얼마나 남았는지 괄호 안에 써 봅시다.

● ● ● ● ●
○ ○

$\Rightarrow$ 5 − 2 =

● ● ● ● ●
○ ○ ○

$\Rightarrow$ 5 − 3 =

● ● ● ● ●
○ ○ ○ ○

$\Rightarrow$ 6 − 4 =

● ● ● ● ● ● ●
○ ○ ○ ○

$\Rightarrow$ 7 − 4 =

⇒ 4 − 2 =

⇒ 6 − 3 =

⇒ 6 − 2 =

⇒ 7 − 3 =

⇒ 8 − 5 =

⇒ ☐ − 6 =

⇒ ☐ − 4 =

함께 하기   빈칸에 바둑돌을 올리면서 풀어 봅시다.

❶ 여기 빨간 공이 7개 있습니다. 상자 안에는 까만 공이 있습니다.
빨간 공, 까만 공 모두 합쳐 10개 있습니다. 까만 공의 개수는 몇인가요?
(네모 안에 바둑돌을 올리거나 ○를 그리면서 확인해 보세요.)

❷ 여기 빨간 공이 6개 있습니다. 네모 아래에는 까만 공이 있습니다.
빨간 공, 까만 공 모두 합쳐 9개 있습니다. 까만 공의 개수는 몇인가요?
(네모 안에 바둑돌을 올리거나 ○를 그리면서 확인해 보세요.)

❸ 여기 빨간 공이 5개 있습니다. 네모 아래에는 까만 공이 있습니다.
빨간 공, 까만 공 모두 합쳐 8개 있습니다. 까만 공의 개수는 몇인가요?
(네모 안에 바둑돌을 올리거나 ○를 그리면서 확인해 보세요.)

스스로 하기   빈칸에 연필로 ○ 를 그리면서 풀어 보세요.

1 여기 빨간 공이 8개 있습니다. 상자 안에는 까만 공이 있습니다. 빨간 공, 까만 공 모두 합쳐 10개 있습니다. 까만 공의 개수는 몇인가요? (네모 안에 ○ 를 그려서 확인해 보세요.)

2 여기 빨간 공이 6개 있습니다. 네모 아래에는 까만 공이 있습니다. 빨간 공, 까만 공 모두 합쳐 9개 있습니다. 까만 공의 개수는 몇인가요? (네모 안에 ○ 를 그려서 확인해 보세요.)

3 여기 빨간 공이 5개 있습니다. 네모 아래에는 까만 공이 있습니다. 빨간 공, 까만 공 모두 합쳐 9개 있습니다. 까만 공의 개수는 몇인가요? (네모 안에 ○ 를 그려서 확인해 보세요.)

4 여기 빨간 공이 8개 있습니다. 네모 아래에는 까만 공이 있습니다. 빨간 공, 까만 공 모두 합쳐 11개 있습니다. 까만 공의 개수는 몇인가요? (네모 안에 ○ 를 그려서 확인해 보세요.)

A단계 · 4. 제거(감수 미지항)

이해하기 바구니 안에 들어갈 공의 개수 알아보기

 선생님

여기 빨간 공이 9개 있네요. 이 중에 몇 개를 바구니에 담았더니 5개가 남았어요.
바구니에는 몇 개가 들어갔을까요?

한 개씩 넣어 볼까요? 몇 개가 들어가야 5개가 남나요?

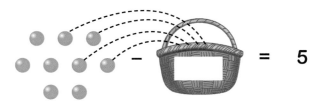

(공을 넣어보면서) 4개
요.

 마루

Guide 학생들은 미지항을 평소에 '빈칸' 형태로 경험합니다. 추상적인 빈칸을 먼저 경험하면 뺄셈상황을 적용하기 어려울
수 있습니다. 따라서 종이컵에 구체물을 넣는 작업, 바구니에 넣는 작업 등을 하다가 점차적으로 빈칸으로 전환하는
것이 좋습니다. 이 활동이 어려운 학생의 경우 〈-까지 내려 세기〉 활동으로 다시 돌아가서 연습해주세요.

함께 하기 바구니 안에 들어갈 공의 개수를 알아봅시다.

❶ 여기 빨간 공이 8개 있습니다. 몇 개를 바구니에 담으니 4개가 남았습니다.
바구니 안에 남아 있는 공의 개수는 몇인가요? (바구니에 공을 넣어가며 확인해 보세요.)

❶ 여기 빨간 공이 8개 있습니다. 몇 개를 바구니에 담으니 3개가 남았습니다.
바구니 안에 남아 있는 공의 개수는 몇인가요? (바구니에 공을 넣어가며 확인해 보세요.)

❷ 여기 빨간 공이 10개 있습니다. 몇 개를 바구니에 담으니 3개가 남았습니다.
바구니 안에 남아 있는 공의 개수는 몇인가요? (바구니에 공을 넣어가며 확인해 보세요.)

❸ 여기 빨간 공이 8개 있습니다. 몇 개를 바구니에 담으니 2개가 남았습니다.
바구니 안에 남아 있는 공의 개수는 몇인가요? (바구니에 공을 넣어가며 확인해 보세요.)

❹ 여기 빨간 공이 9개 있습니다. 몇 개를 바구니에 담으니 6개가 남았습니다.
바구니 안에 남아 있는 공의 개수는 몇인가요? (바구니에 공을 넣어가며 확인해 보세요.)

2) 빈칸에 들어갈 공의 개수를 알아봅시다.

1 (빨간 공 8개를 잠깐 보여 주고 가리면서) 여기 빨간 공 8개가 있었는데 몇 개를 지우고 6개가 남았습니다. 선생님이 몇 개를 지웠을까요?
(6이 될 때까지 빨간 공을 지우고, 남은 공 개수를 확인해 보세요.)

2 (빨간 공 14개를 잠깐 보여 주고 가리면서) 여기 빨간 공 14개가 있었는데 몇 개를 지우고 나니까 11개가 남았습니다. 선생님이 몇 개를 지웠을까요?
(11이 될 때까지 빨간 공을 지우고, 남은 공 개수를 확인해 보세요.)

3 (빨간 공 13개를 잠깐 보여 주고 가리면서) 여기 빨간 공 13개가 있었는데 몇 개를 지우고 나니까 9개가 남았습니다. 선생님이 몇 개를 지웠을까요?
(9가 될 때까지 빨간 공을 지우고, 남은 공 개수를 확인해 보세요.)

4 (빨간 공 8개를 잠깐 보여 주고 가리면서) 여기 빨간 공 8개가 있었는데 몇 개를 지우고 나니까 1개가 남았습니다. 선생님이 몇 개를 지웠을까요?
(1이 될 때까지 빨간 공을 지우고, 남은 공 개수를 확인해 보세요.)

아래 그림처럼 몇 개가 없어져야 하는지 알아보기 위해 점을 지우면서 풀어봅시다.

1 과자를 8개 중 몇 개를 먹어야 5개가 남을까요?

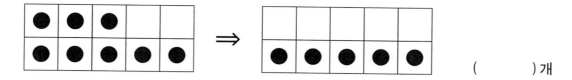

(   ) 개

2 사탕 8개 중 몇 개를 먹어야 4개가 남을까요?

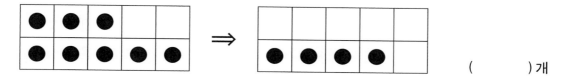

(   ) 개

3 빵 9개 중 몇 개를 먹어야 6개가 남을까요?

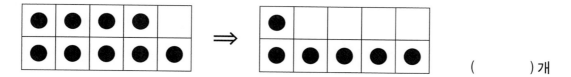

(   ) 개

4 사과 9개 중 몇 개를 먹어야 2개가 남을까요?

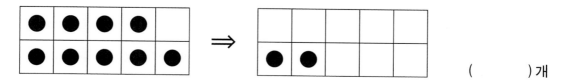

(   ) 개

5 초콜릿 과자 7개 중 몇 개를 먹어야 3개가 남을까요?

(   ) 개

스스로 하기   뺄셈할 때 점을 지우면서 풀어보세요.

1 과자 8개 중 몇 개를 먹어야 4개가 남을까요?

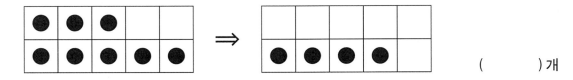

(   ) 개

2 사탕 10개 중 몇 개를 먹어야 4개가 남을까요?

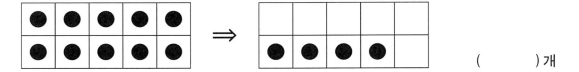

(   ) 개

3 빵 7개 중 몇 개를 먹어야 2개가 남을까요?

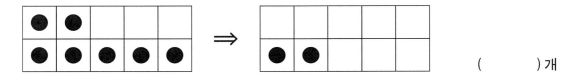

(   ) 개

4 사과 9개 중 몇 개를 먹어야 4개가 남을까요?

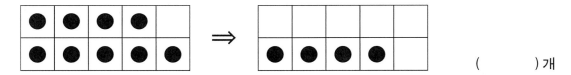

(   ) 개

5 초콜릿 과자 8개 중 몇 개를 먹어야 5개가 남을까요?

(   ) 개

6 초콜릿 과자 9개 중 몇 개를 먹어야 6개가 남을까요?

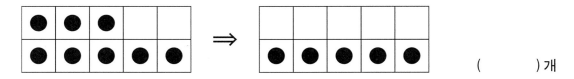

(   ) 개

이해하기 원래 있던 점의 개수 알아보기 준비물 : 가리개

선생님

(가리개로 가리면서)
여기 빨간 공 중에서 3개를 지우니까 5개가 남았습니다.
원래는 얼마가 있었을까요?

8이요.

마루

선생님

가리개 밑에 공 8개를 그리고 3개를 지우면서
답을 확인해 보세요.

(공 8개를 그리고, 3개를 지우면서)
5개가 남아요.

함께 하기 1) 원래 있던 공의 개수가 모두 몇인지 알아봅시다.

❶ 빈칸 속 빨간 공들 중에서 5개를 지우고 나니까 2개가 남았습니다.
원래 빨간 공은 몇 개 있었을까요? (공을 그린 뒤, 지워가면서 답을 확인해 보세요.)

(   ) 개

❶ 빈칸 속 빨간 공들 중에서 6개를 지우고 나니까 2개가 남았습니다.
원래 빨간 공은 몇 개 있었을까요? (공을 그린 뒤, 지워가면서 답을 확인해 보세요.)

(   ) 개

❷ 빈칸 속 빨간 공들 중에서 5개를 지우고 나니까 5개가 남았습니다.
원래 빨간 공은 몇 개 있었을까요? (공을 그린 뒤, 지워가면서 답을 확인해 보세요.)

(   ) 개

❸ 빈칸 속 빨간 공들 중에서 4개를 지우고 나니까 3개가 남았습니다.
원래 빨간 공은 몇 개 있었을까요? (공을 그린 뒤, 지워가면서 답을 확인해 보세요.)

(   ) 개

❹ 빈칸 속 빨간 공들 중에서 6개를 지우고 나니까 4개가 남았습니다.
원래 빨간 공은 몇 개 있었을까요? (공을 그린 뒤, 지워가면서 답을 확인해 보세요.)

(   ) 개

2) 남아 있는 점에 점을 더 그리면서 원래 있던 점의 개수가 모두 몇인지 알아봅시다.

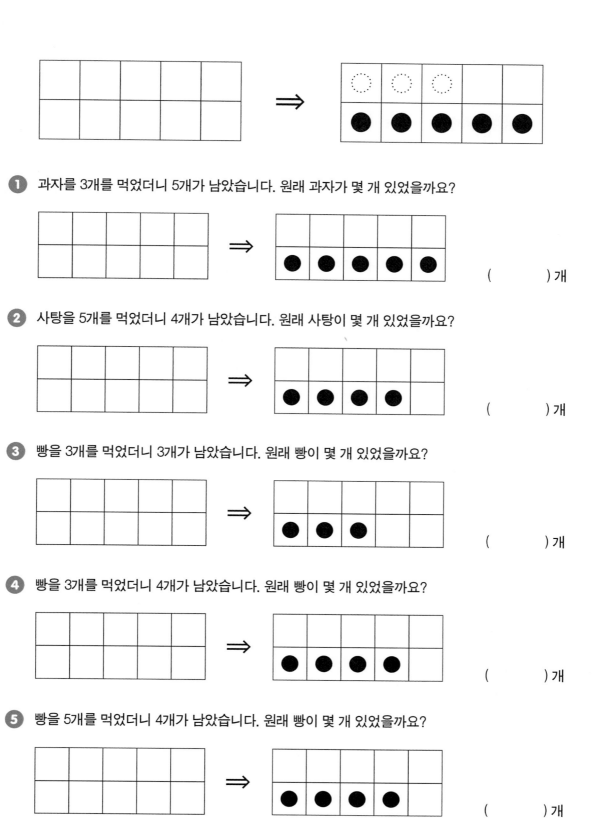

① 과자를 3개를 먹었더니 5개가 남았습니다. 원래 과자가 몇 개 있었을까요?

(   ) 개

② 사탕을 5개를 먹었더니 4개가 남았습니다. 원래 사탕이 몇 개 있었을까요?

(   ) 개

③ 빵을 3개를 먹었더니 3개가 남았습니다. 원래 빵이 몇 개 있었을까요?

(   ) 개

④ 빵을 3개를 먹었더니 4개가 남았습니다. 원래 빵이 몇 개 있었을까요?

(   ) 개

⑤ 빵을 5개를 먹었더니 4개가 남았습니다. 원래 빵이 몇 개 있었을까요?

(   ) 개

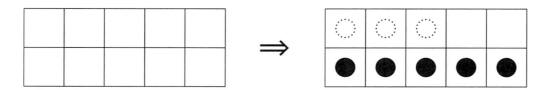

① 과자를 2개를 먹었더니 5개가 남았습니다. 원래 과자가 몇 개 있었을까요?

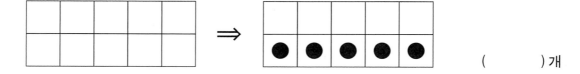

(   ) 개

② 사탕을 4개를 먹었더니 4개가 남았습니다. 원래 사탕이 몇 개 있었을까요?

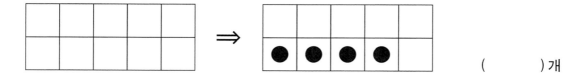

(   ) 개

③ 빵을 4개를 먹었더니 6개가 남았습니다. 원래 빵이 몇 개 있었을까요?

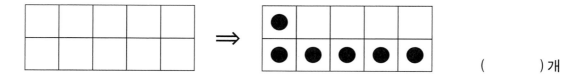

(   ) 개

④ 빵을 5개를 먹었더니 3개가 남았습니다. 원래 빵이 몇 개 있었을까요?

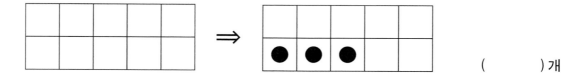

(   ) 개

⑤ 빵을 3개를 먹었더니 4개가 남았습니다. 원래 빵이 몇 개 있었을까요?

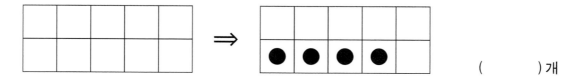

(   ) 개

함께 하기 가리개를 활용하여 왼쪽과 오른쪽 도형의 개수를 비교하여 풀어 봅시다.

① (왼쪽을 가리개로 가리면서) 왼쪽이 오른쪽보다 도형이 3개가 많다고 합니다.
왼쪽에는 몇 개의 도형이 있을까요?

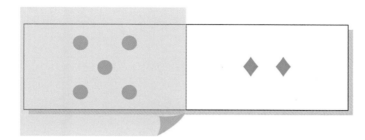

② (왼쪽을 가리개로 가리면서) 왼쪽이 오른쪽보다 도형이 3개가 많다고 합니다.
왼쪽에는 몇 개의 도형이 있을까요?

③ (왼쪽을 가리개로 가리면서) 왼쪽이 오른쪽보다 도형이 1개가 적다고 합니다.
왼쪽에는 몇 개의 도형이 있을까요?

④ (왼쪽을 가리개로 가리면서) 왼쪽이 오른쪽보다 도형이 2개가 적다고 합니다.
왼쪽에는 몇 개의 도형이 있을까요?

① 왼쪽이 오른쪽보다 도형이 2개가 많다고 합니다.
왼쪽에는 몇 개의 도형이 있을까요? 왼쪽에 ○를 그리면서 확인해보세요.

② 왼쪽이 오른쪽보다 도형이 3개가 많다고 합니다.
왼쪽에는 몇 개의 도형이 있을까요? 왼쪽에 ○를 그리면서 확인해보세요.

③ 왼쪽이 오른쪽보다 도형이 1개가 적다고 합니다.
왼쪽에는 몇 개의 도형이 있을까요? 왼쪽에 ○를 그리면서 확인해보세요.

④ 왼쪽이 오른쪽보다 도형이 2개가 적다고 합니다.
왼쪽에는 몇 개의 도형이 있을까요? 왼쪽에 ○를 그리면서 확인해보세요.

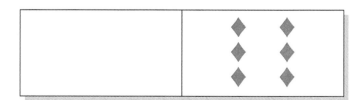

이해하기　　원래 있던 공의 개수를 알아보기

선생님: 왼쪽 상자의 빨간 공은 있지만 안 보입니다.
그 공들과 오른쪽 상자의 공 3개를 합하면 9개입니다.
왼쪽 상자에 공의 개수는 모두 몇인가요?

 + 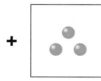 =

 6이요.
마루

선생님: 빨간 공을 그려 넣으면서 확인해 보세요.

 + =

 (공 6개를 그리면서) 6개와 3개를 합하면 9개예요.

함께 하기　　원래 있던 공의 개수를 알아봅시다.

❶ 왼쪽 상자에는 빨간 공이 있는데 안 보입니다. 그 공들과 오른쪽 상자의 공 2개를 합하면
모두 9개라고 합니다. 왼쪽 상자에는 공의 개수는 모두 몇인가요?
(빨간 공을 그려 넣으면서 확인해 보세요.)

 + 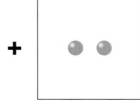 =

(　　　) 개

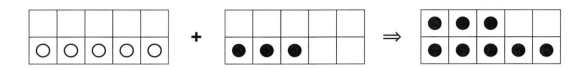

1 과자 3개를 더 받아서 모두 8개가 되었습니다. 원래 과자의 개수는 모두 몇일까요?

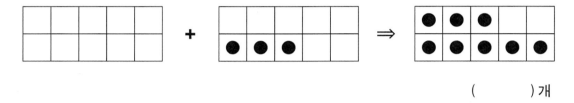

(   ) 개

2 사탕 5개를 더 받아서 모두 8개가 되었습니다. 원래 사탕의 개수는 모두 몇일까요?

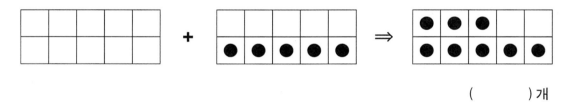

(   ) 개

3 빵 3개를 더 받아서 모두 6개가 되었습니다. 원래 빵의 개수는 모두 몇일까요?

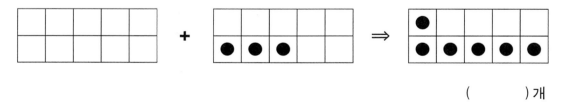

(   ) 개

4 사과 2개를 더 받아서 모두 7개가 되었습니다. 원래 사과의 개수는 모두 몇일까요?

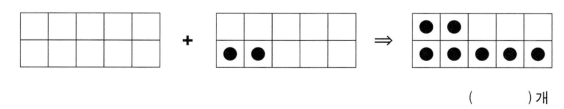

(   ) 개

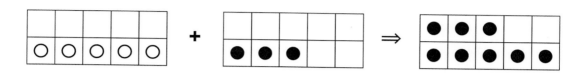

1 과자 5개를 더 받아서 모두 9개가 되었습니다. 원래 과자의 개수는 모두 몇일까요?

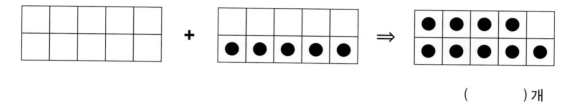

(   ) 개

2 사탕 6개를 더 받아서 모두 8개가 되었습니다. 원래 사탕의 개수는 모두 몇일까요?

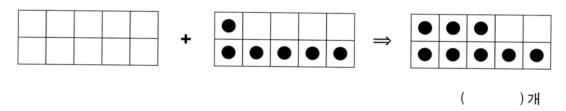

(   ) 개

3 빵 4개를 더 받아서 모두 7개가 되었습니다. 원래 빵의 개수는 모두 몇일까요?

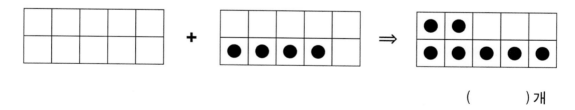

(   ) 개

4 사과 3개를 더 받아서 모두 9개가 되었습니다. 원래 사과의 개수는 모두 몇일까요?

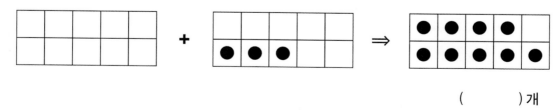

(   ) 개

B단계

뺄셈 전략

전략 소개

선생님

선생님이 15-9를
풀어 보라고 했더니,
6명의 학생들이
다양한 전략을 생각해
냈습니다.

토리

① 덜어 내기

15만큼 손가락, 발가락을 펴고
9개를 다시 구부린 다음 남은 것을
세보니 6입니다.

새나

② 거꾸로 세기

15부터 9만큼 거꾸로 세면,
14, 13, 12, 11, 10, 9, 8, 7, 6!
답은 6!

두리

③ 세며 더해가기

9에다 얼마를 더해야 15가 되는지
생각해 보면 10, 11, 12, 13, 14, 15.
모두 6만큼 더해야 합니다.

보배

④ 갈라서 빼기

빼는 수인 9를 4와 5로 가릅니다.
15에서 5를 먼저 빼면 10이 되고
10에서 나머지 4를 빼면 6이 됩니
다.

하람

⑤ 덧셈 구구 이용

9+6이 15가 된다는 것을 알고
있어요. 그러니 답은 6입니다.

나래

⑥ 빼고 더하기

15에서 9를 빼는 것보다 15에서
10을 먼저 빼고, 나중에 1을
더해 주는 것이 더 쉬워요.
15-10+1은 6이 돼요.

Guide 학생들에게 여러 가지 전략을 소개하고, 어떤 전략이 효율적인지 토의를 진행합니다.
선생님이 먼저 질문하고, 학생의 답변을 기록하면서 학생이 뺄셈 전략을 얼마나 알고 있는지 확인하도록 합니다.

전략 토론하기

 1

위 글에서 나온 친구들의 방법 중 어느 방법이 가장 효과적이라고 생각하나요?

 2   **토리** : 15만큼 손가락, 발가락을 펴고 9개를 다시 구부린 다음 남은 것을 세니 6! 6입니다.

하람은 토리의 방법을 보고 너무 시간이 오래 걸릴지도 모른다고 하였습니다.
하람의 생각에 찬성하나요?

3 **새나** : 15부터 9만큼 거꾸로 세면 14, 13, 12, 11, 10, 9, 8, 7, 6! 답은 6.

나래는 새나의 방법을 보고 하나씩 거꾸로 세지 말고 5만큼 거꾸로 세서 10까지 간 다음 2씩 두 번 거꾸로 세서 '15→10', '8→6'처럼 하면 더 쉽다고 하였습니다. 나래의 방법이 이해가 가나요?

4 **두리** : 9에다 얼마를 더해야 15가 되는지 생각해 보면 10, 11, 12, 13, 14, 15. 모두 6만큼 더해야 합니다.

나래는 두리의 방법에 대해서도 하나씩 세지 말고 9부터 2씩 세서 11, 13, 15로 하면 더 쉽고 빠르다고 하였습니다. 나래의 방법이 이해가 가나요?

5 **보배** : 빼는 수인 9를 4와 5로 가릅니다. 15에서 5를 먼저 빼면 10이 되고 10에서 나머지 4를 빼면 6이 됩니다.

많은 학생들이 보배의 전략을 주로 쓴다고 하였습니다. 두리는 보배와 달리 9를 가르지 않고 15를 10과 5로 가른 다음 10-9를 하고 5를 더하는 방법으로 푼다고 하였습니다. 누구의 방법이 더 쉬운가요?

6 **하람** : 9+6이 15가 된다는 것을 알고 있어요. 그러니 답은 6입니다.

나래는 하람의 전략에 대해 원래 아는 덧셈이 얼마 없으므로 큰 수의 뺄셈에는 쓸 수 없을 거라 하였습니다. 하람은 1500 빼기 900에서도 똑같이 쓸 수 있다고 하였습니다. 누구의 의견에 찬성합니까?

7 **나래** : 15에서 9를 빼는 것보다 15에서 10을 먼저 빼고, 나중에 1을 더해 주는 것이 더 쉬워요. 15-10+1은 6이 돼요.

하람은 나래의 방법에 대해 10을 빼고 나중에 1을 더해 주는 것보다 16 빼기 10으로 바꿔서 계산하는 것이 쉽다고 하였습니다. 누구의 의견에 찬성합니까?

이해하기   1) 점을 지우면서 덜어내기

 토리

나는 5-1을 풀 때 점을
5개 그린 다음
점 1개만큼
지우고 남은 점을 모두
세어서 풀어!

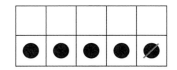

함께 하기 점을 지우면서 풀어봅시다.

❶ 7−5 =

❷ 8−7 =

❸ 9−5 =

❹ 10−8 =

❺ 7−3 =

❻ 9−4 =

❼ 6−2 =

❽ 10−4 =

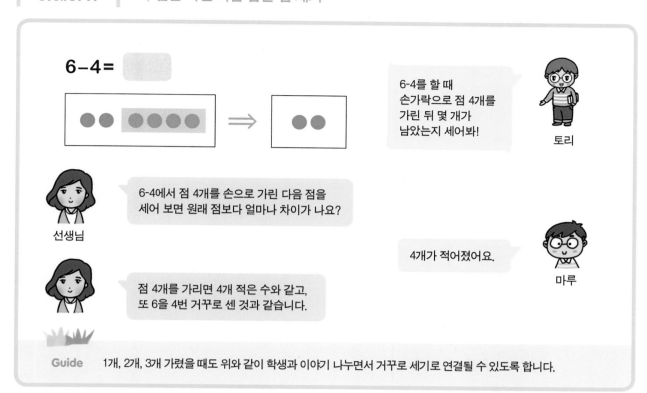

6-4=

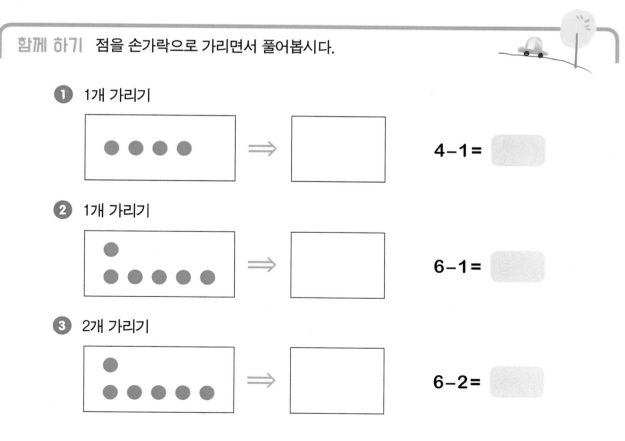

① 1개 가리기

4-1=

② 1개 가리기

6-1=

③ 2개 가리기

6-2=

스스로 하기 점을 손가락으로 가리면서 풀어보세요.

① 3개 가리기

5-3=

② 3개 가리기

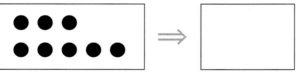

8-3=

③ 3개 가리기

● ●
● ● ● ● ● ⟹

7-3=

④ 3개 가리기

9-3=

⑤ 4개 가리기

●
● ● ● ● ● ⟹

6-4=

⑥ 4개 가리기

5-4=

3) 두 손으로 가린 다음 남은 점 세기

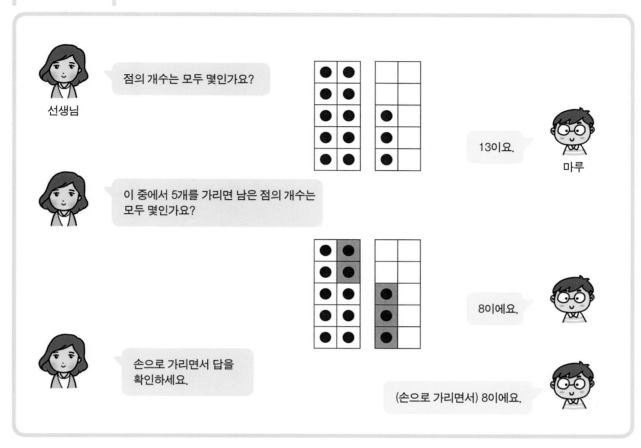

함께 하기 점을 손가락으로 가리면서 풀어봅시다.

① 5개 가리기

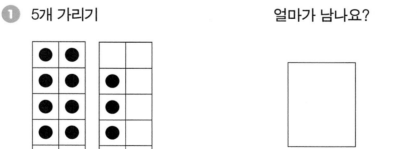

얼마가 남나요?

② 7개 가리기

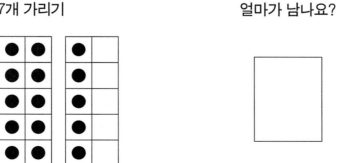

얼마가 남나요?

스스로 하기   점을 손가락으로 가리면서 풀어보세요.

① 7개 가리기   얼마가 남나요?

② 6개 가리기   얼마가 남나요?

③ 7개 가리기   얼마가 남나요?

④ 8개 가리기   얼마가 남나요?

⑤ 8개 가리기   얼마가 남나요?

⑥ 7개 가리기   얼마가 남나요?

⑦ 6개 가리기   얼마가 남나요?

⑧ 5개 가리기   얼마가 남나요?

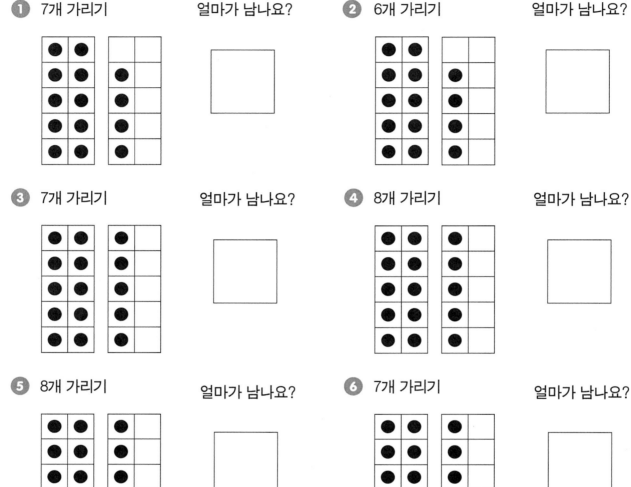
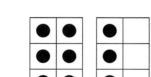

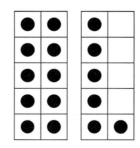

이해하기　　1) 점을 거꾸로 세기

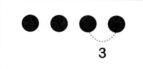

$4-1=$　3

나는 1을 뺄 때
1만큼 거꾸로 세어 풀어!

새나

함께 하기　빼기 1을 하기 위해 거꾸로 세서 풀어봅시다.

❶ ●●●●●　　　　　　　　　　　　　$5-1=$

❷ ●●●●● ●　　　　　　　　　　　$6-1=$

❸ ●●●●● ●●　　　　　　　　　　$7-1=$

❹ ●●●●● ●●●　　　　　　　　　$8-1=$

❺ ●●●●● ●●●●　　　　　　　　$9-1=$

❻ ●●●●● ●●●●●　　　　　　　$10-1=$

❼ ●●●●● ●●●●● ●　　　　　$11-1=$

❽ ●●●●● ●●●●● ●●　　　　$12-1=$

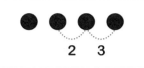

$4-2=$ $\boxed{2}$

2를 뺄 때
2만큼 거꾸로 세어 풀어!

새나

함께 하기 빼기 2를 하기 위해 거꾸로 2번 세서 풀어봅시다.

① ●●●●● $5-2=$ ☐

② ●●●●● ● $6-2=$ ☐

③ ●●●●● ●● $7-2=$ ☐

④ ●●●●● ●●● $8-2=$ ☐

⑤ ●●●●● ●●●● $9-2=$ ☐

⑥ ●●●●● ●●●●● $10-2=$ ☐

⑦ ●●●●● ●●●●● ● $11-2=$ ☐

⑧ ●●●●● ●●●●● ●● $12-2=$ ☐

묻고 답하기 선생님이 뺄셈 식을 불러주면 머릿속으로 계산하여 말하세요.

$2-1=$	$4-1=$	$3-1=$	$9-1=$	$5-1=$	$6-1=$
$12-1=$	$8-1=$	$7-1=$	$10-1=$	$11-1=$	$13-1=$
$3-2=$	$8-2=$	$4-2=$	$11-2=$	$6-2=$	$7-2=$
$5-2=$	$13-2=$	$9-2=$	$10-2=$	$14-2=$	$12-2=$

Guide 학생이 암산한 답을 선생님이 적어 주세요.

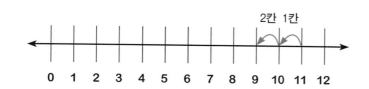

2칸 1칸

11-9를 계산할 때
11에서 9까지 가려면
몇 칸을 뛰어야 할까?
2칸이네! 답은 2!

새나

함께 하기   수직선에 표시하면서 거꾸로 세어 봅시다.

❶   7-5= [　]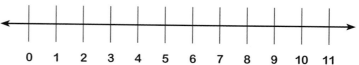

❷   8-5= [　]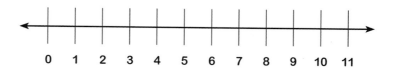

❸   9-6= [　]

❹   11-5= [　]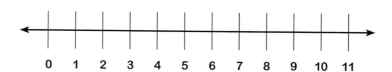

❺   11-9= [　]

스스로 하기 수직선에 표시하면서 거꾸로 세어 풀어보세요.

❶ 11–3 = [ ]

❷ 9–7 = [ ]

❸ 8–6 = [ ]

❹ 9–5 = [ ]

❺ 8–5 = [ ]

묻고 답하기 선생님이 뺄셈 식을 불러주면 머릿속으로 계산하여 말하세요.

6-4=	7-5=	8-6=	9-7=	11-9=	6-3=
7-4=	8-5=	9-6=	11-8=	12-9=	10-8=

Guide 학생이 암산한 것을 적어 주세요. 암산이 힘들면 수 세기 단원의 〈-부터 줄여 세기〉 장을 다시 공부해 보세요.

이해하기 점을 세며 더해 가기

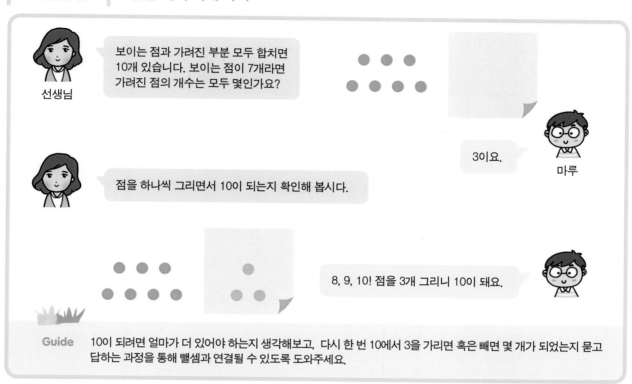

Guide 10이 되려면 얼마가 더 있어야 하는지 생각해보고, 다시 한 번 10에서 3을 가리면 혹은 빼면 몇 개가 되었는지 묻고 답하는 과정을 통해 뺄셈과 연결될 수 있도록 도와주세요.

함께 하기 점을 세며 더해 가면서 풀어봅시다.

1 빨간 점이 모두 10개 있습니다. 보이는 부분의 점이 6개라면 가려진 부분에는 점이 몇 개 있을까요? 10-6은 얼마인가요? (어떻게 풀었는지 설명해 보세요.)

2 빨간 점이 모두 9개 있습니다. 보이는 부분의 점이 6개라면 가려진 부분에는 점이 몇 개 있을까요? 9-6은 얼마인가요? (어떻게 풀었는지 설명해 보세요.)

수직선에 표시하면서 더해 가기

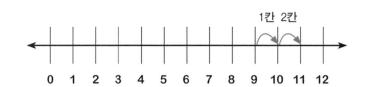

1칸 2칸

0 1 2 3 4 5 6 7 8 9 10 11 12

11-9를 풀 때 9에서
1칸, 2칸 더하면
11이 되는구나!

두리

함께 하기 수직선을 표시하면서 세며 더해 가기로 풀어봅시다.

1 7-5 =

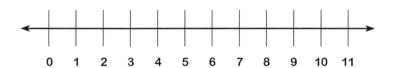

0 1 2 3 4 5 6 7 8 9 10 11

2 9-5 =

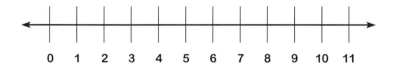

0 1 2 3 4 5 6 7 8 9 10 11

3 10-6 =

0 1 2 3 4 5 6 7 8 9 10 11

4 10-8 =

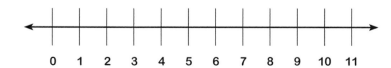

0 1 2 3 4 5 6 7 8 9 10 11

5 11-7 =

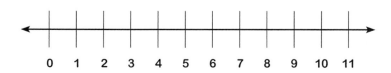

0 1 2 3 4 5 6 7 8 9 10 11

①   11-9 = ☐

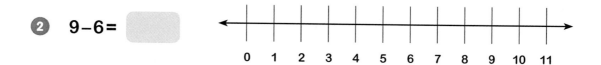

②   9-6 = ☐

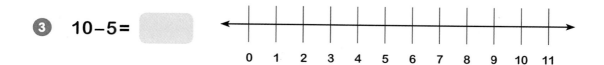

③   10-5 = ☐

④   7-5 = ☐

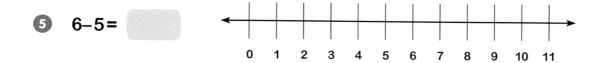

⑤   6-5 = ☐

묻고 답하기   선생님이 뺄셈 식을 불러주면 머릿속으로 계산하여 말하세요.

| 7-4= | 8-5= | 9-6= | 10-7= | 12-9= | 9-7= |
| 8-4= | 10-6= | 8-6= | 11-9= | 12-8= | 11-8= |

Guide   학생이 암산한 것을 선생님이 적어주세요.
암산이 힘들면 수 세기 단원의 〈-로부터 세어 올라가기〉 장을 다시 공부해 보세요.

이해하기   수 구슬을 이용하여 갈라서 빼기

선생님
윗줄은 구슬이 10개, 아랫줄은 2개입니다.
구슬의 개수는 모두 몇인가요?

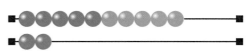

12예요.

마루

12개에서 3개를 빼려고 합니다.
먼저 아랫줄에서 2개를 빼고, 윗줄에서
나머지 1개를 빼 봅시다.
남은 구슬의 개수는 모두 몇인가요?

9예요.

12-3은 9입니다. 12에서 먼저 2를 빼고,
10에서 1을 뺀 것과 같습니다.

Guide   소프트웨어 구슬틀을 사용해보세요.
https://www.mathlearningcenter.org/web-apps/number-rack/

함께 하기 수 구슬을 이용하여 갈라서 빼 봅시다.

❶ 13−5=

❷ 15−7=

수 구슬을 이용하여 갈라서 빼 보세요.

1 12−5 =

2 15−8 =

3 14−9 =

4 14−5 =

5 15−6 =

묻고 답하기 선생님이 뺄셈 식을 불러주면 머릿속으로 계산하여 말하세요.

11-5=	11-2=	11-3=	12-2=	12-3=	13-7=
13-4=	13-6=	14-7=	14-5=	15-8=	15-6=

Guide 11-2는 먼저 10이 되게 1을 빼고, 다시 1을 빼면 9가 돼요.
같이 보충 지도를 통해 갈라서 빼기를 암산형태로 활용할 수 있도록 도와주세요.

11-4= 7

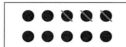 

11에서 1을 지우면서
10이라고 세고
남은 3을 지우면서
세면 9! 8! 7!

보배

함께 하기 10이 되도록 지우는 방법으로 갈라서 빼 봅시다.

①   12-3=

②  14-5=

③  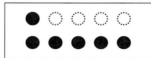 16-8=

④  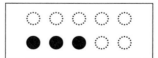 13-7=

⑤  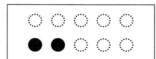 12-6=

⑥  13-5=

이해하기 10이 되는 덧셈구구 이용하기

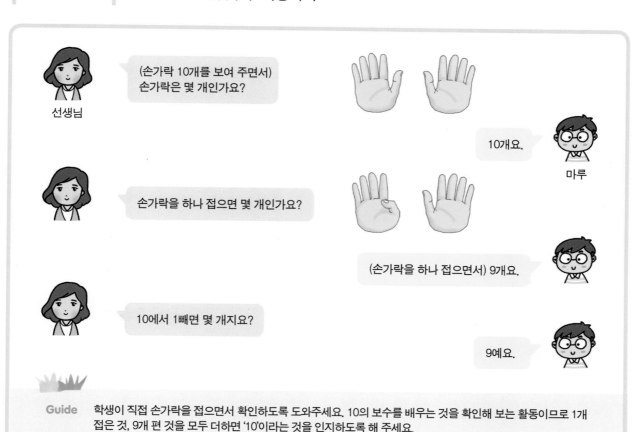

선생님: (손가락 10개를 보여 주면서) 손가락은 몇 개인가요?

마루: 10개요.

선생님: 손가락을 하나 접으면 몇 개인가요?

마루: (손가락을 하나 접으면서) 9개요.

선생님: 10에서 1빼면 몇 개지요?

마루: 9예요.

Guide 학생이 직접 손가락을 접으면서 확인하도록 도와주세요. 10의 보수를 배우는 것을 확인해 보는 활동이므로 1개 접은 것, 9개 편 것을 모두 더하면 '10'이라는 것을 인지하도록 해 주세요.

함께 하기 손가락으로 덧셈구구를 이용하여 풀어봅시다.

❶ 손가락 2개 접기

10-2는 얼마인가요?

❷ 손가락 3개 접기

10-3은 얼마인가요?

하람

10-5를 풀기 위해 5에다 5를 더하면 10이 된다고 생각했어요.

$$5+5=10$$

●●●●● — ●●●●●   ⇒ $10-5=5$

함께 하기   덧셈구구를 이용해서 오른쪽 뺄셈을 풀어봅시다.

❶ 10 ●● — ●●●●●●●●   ⇒ $10-2=$

❷ 10 ●●●● — ●●●●●●   ⇒ $10-4=$

❸ 10 ●●●●●● — ●●●●   ⇒ $10-6=$

❹ 10 ●●● — ●●●●●●●   ⇒ $10-3=$

❺ 10 ●●●●● — ●●●●●   ⇒ $10-5=$

❻ 10 ●●●●●●●● — ●●   ⇒ $10-8=$

❼ 10 ●●●●●●● — ●●●   ⇒ $10-7=$

❽ 10 ●●●●●●●●● — ●   ⇒ $10-9=$

❾ 10 ● — ●●●●●●●●●   ⇒ $10-1=$

선생님

손이 보이는 두 배 카드를 찾아보세요.

Guide 부록에 있는 두 배 카드를 잘라서 알맞은 것을 찾아보도록 해 주세요. 두 배의 절반이 얼마인지 알고 이것을 뺄셈 식으로 나타내 보는 것이 중요합니다. 다른 두 배 카드로 같은 활동을 해 보세요.

5 + 5 = 10

선생님

그럼 손 2개를 모두 펴면 손가락의 개수는 모두 몇인가요?

10이요.

하나

10에서 5를 빼는 것을 손가락으로 표현해 보세요.

오른손을 내리고 왼손가락 5개만 펴고 있는 거예요.

맞아요. 10-5는 10의 절반과 같아요. 뺄셈 식으로 나타내 볼까요?

10빼기 5는 5

두 배 카드를 보면서 말해봅시다. 손 2개 중 1개를 가리면 5입니다. 손 2개 중 1개를 가리면 5입니다. 따라서 손가락 10개에서 절반인 5를 빼면 10-5=5입니다.

5 + 5 = 10

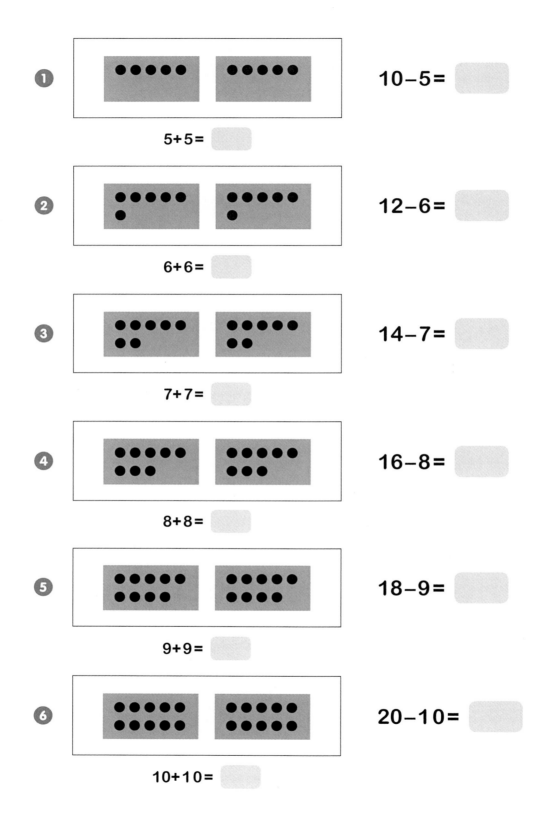

❶ $10-5=$ ⬜

$5+5=$ ⬜

❷ $12-6=$ ⬜

$6+6=$ ⬜

❸ $14-7=$ ⬜

$7+7=$ ⬜

❹ $16-8=$ ⬜

$8+8=$ ⬜

❺ $18-9=$ ⬜

$9+9=$ ⬜

❻ $20-10=$ ⬜

$10+10=$ ⬜

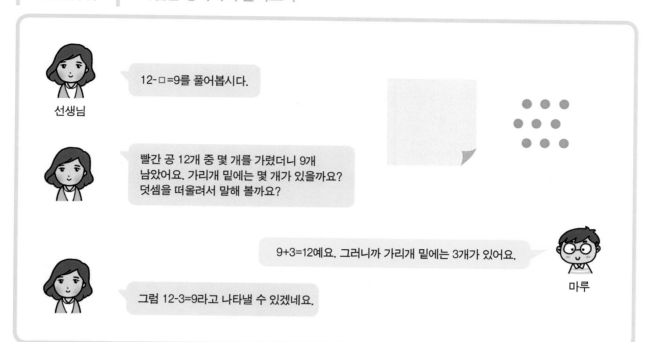

선생님: 12-□=9를 풀어봅시다.

선생님: 빨간 공 12개 중 몇 개를 가렸더니 9개 남았어요. 가리개 밑에는 몇 개가 있을까요? 덧셈을 떠올려서 말해 볼까요?

마루: 9+3=12예요. 그러니까 가리개 밑에는 3개가 있어요.

선생님: 그럼 12-3=9라고 나타낼 수 있겠네요.

함께 하기 덧셈 구구를 생각하며 풀어봅시다.

① 빨간 점이 13개 있습니다. 몇 개를 가리니 7개만 보입니다. 가리개 밑에는 몇 개가 있을까요?
(이 문제를 푸는 데 필요한 덧셈 구구를 써 보세요.)

② 빨간 점이 14개 있습니다. 몇 개를 가리니 6개만 보입니다. 가리개 밑에는 몇 개가 있을까요?
(이 문제를 푸는 데 필요한 덧셈 구구를 써 보세요.)

덧셈을 생각하며 풀어보세요.

1 빨간 점이 12개 있습니다. 몇 개를 가리니 7개만 보입니다. 가리개 밑에는 몇 개가 있을까요?
(이 문제를 푸는 데 필요한 덧셈 구구를 써 보세요.)

$\boxed{}$ + 7 = 12

2 빨간 점이 13개 있습니다. 몇 개를 가리니 6개만 보입니다. 가리개 밑에는 몇 개가 있을까요?
(이 문제를 푸는 데 필요한 덧셈 구구를 써 보세요.)

$\boxed{}$ + 6 = 13

3 빨간 점이 15개 있습니다. 몇 개를 가리니 7개만 보입니다. 가리개 밑에는 몇 개가 있을까요?
(이 문제를 푸는 데 필요한 덧셈 구구를 써 보세요.)

$\boxed{}$ + 7 = 15

묻고 답하기 선생님이 뺄셈 식을 불러주면 머릿속으로 계산하여 말하세요.

15-7=	14-6=	13-4=	11-7=	12-9=	11-3=
13-6=	15-8=	16-7=	13-8=	12-8=	11-8=

Guide 15-7은 7+8=15를 활용해서 생각하면 답이 8입니다.
같이 보충 지도를 통해 암산을 활용하여 풀 수 있도록 도와주세요.

이해하기   1) 빼고 더하면서 풀기

$$11 - 9 = 11 - 10 + 1$$

1	2	3	4	5	6	7	8	9	10
11	12	13	14	15	16	17	18	19	20

9를 뺄 때는 먼저 10을 뺀 후 1을 더해서 푸는 것이 좋아.

나래

함께 하기   10을 빼고, 나머지를 더하면서 풀어봅시다

① 13 − 9 =

1	2	3	4	5	6	7	8	9	10
11	12	13	14	15	16	17	18	19	20

② 15 − 9 =

1	2	3	4	5	6	7	8	9	10
11	12	13	14	15	16	17	18	19	20

③ 17 − 9 =

1	2	3	4	5	6	7	8	9	10
11	12	13	14	15	16	17	18	19	20

④ 12 − 9 =

1	2	3	4	5	6	7	8	9	10
11	12	13	14	15	16	17	18	19	20

⑤ 16 − 9 =

1	2	3	4	5	6	7	8	9	10
11	12	13	14	15	16	17	18	19	20

2) 더하고 빼면서 풀기

$$11 - 8 = 11 - 10 + 2$$

1	2	3	4	5	6	7	8	9	10
11	12	13	14	15	16	17	18	19	20

8을 뺄 때는 먼저 10을 뺀 후 2를 더해서 푸는 것이 좋아!

나래

함께 하기 10을 빼고, 나머지를 더하면서 풀어봅시다.

❶ 13 – 8 =

1	2	3	4	5	6	7	8	9	10
11	12	13	14	15	16	17	18	19	20

❷ 15 – 8 =

1	2	3	4	5	6	7	8	9	10
11	12	13	14	15	16	17	18	19	20

❸ 17 – 8 =

1	2	3	4	5	6	7	8	9	10
11	12	13	14	15	16	17	18	19	20

묻고 답하기 선생님이 뺄셈 식을 불러주면 머릿속으로 계산하여 말하세요.

16–9=　　13–9=　　14–9=　　15–9=　　11–8=
14–8=　　15–8=　　15–9=　　11–9=　　12–8=

Guide 10을 먼저 빼고 나머지를 더합니다.
보충 지도를 통해 10을 빼고 나머지를 더하여 암산하도록 도와주세요.

이해하기

선생님: 다음과 같이 뺄셈산을 읽어 보세요.

1 1
2

'2 빼기 1은 1'

Guide 뺄셈 유창성 훈련은 뺄셈이 숙달된 단계에서 실시해 주십시오. 먼저 뺄셈산을 읽어 보고 난 뒤에 스스로 빈칸을 채우는 활동을 하도록 해 주십시오. 숙달된 단계에서는 문제를 푸는 속도도 빨라지게 됩니다. 따라서 이때 학생의 문제 해결 속도를 측정하는 것이 핵심입니다.

함께 하기 뺄셈산을 최대한 빨리 읽어보세요.

								1 1 **2**
							2 1 **3**	1 2 **3**
						3 1 **4**	2 2 **4**	1 3 **4**
					4 1 **5**	3 2 **5**	2 3 **5**	1 4 **5**
				5 1 **6**	4 2 **6**	3 3 **6**	2 4 **6**	1 5 **6**
			6 1 **7**	5 2 **7**	4 3 **7**	3 4 **7**	2 5 **7**	1 6 **7**
		7 1 **8**	6 2 **8**	5 3 **8**	4 4 **8**	3 5 **8**	2 6 **8**	1 7 **8**
	8 1 **9**	7 2 **9**	6 3 **9**	5 4 **9**	4 5 **9**	3 6 **9**	2 7 **9**	1 8 **9**
9 1 **10**	8 2 **10**	7 3 **10**	6 4 **10**	5 5 **10**	4 6 **10**	3 7 **10**	2 8 **10**	1 9 **10**

								1 1 / **2**
							2 1 / **3**	1 2 / **3**
						□ 1 / **4**	2 □ / **4**	□ 3 / **4**
					□ 1 / **5**	□ 2 / **5**	□ 3 / **5**	□ 4 / **5**
				□ 1 / **6**	□ 2 / **6**	□ 3 / **6**	□ 4 / **6**	□ 5 / **6**
			6 □ / **7**	5 □ / **7**	□ 3 / **7**	□ 4 / **7**	2 □ / **7**	1 □ / **7**
		7 □ / **8**	□ 2 / **8**	5 3 / **8**	□ 4 / **8**	□ 5 / **8**	□ 6 / **8**	1 □ / **8**
	8 □ / **9**	7 □ / **9**	6 3 / **9**	5 4 / **9**	4 □ / **9**	□ 6 / **9**	7 □ / **9**	□ 8 / **9**
9 □ / **10**	8 □ / **10**	□ 3 / **10**	□ 4 / **10**	□ 5 / **10**	□ 6 / **10**	□ 7 / **10**	□ 8 / **10**	1 9 / **10**

● 날　　짜 : _____

● 합산 점수 : _____ / 40

● 걸린 시간 : _____

선생님

다음의 뺄셈 구구표를 완성해 보세요.

Guide   뺄셈 숙달의 최종 단계는 뺄셈 유창성 훈련입니다. 숫자를 자유자재로 빼는 활동을 충분히 함으로써 뺄셈의 유창성을 높일 수 있습니다. 뺄셈은 덧셈보다 더 어려우므로 자주 연습시켜 주십시오. 뺄셈 구구표는 네이버 카페에서 다운받으실 수 있습니다. 1회기에 10분 이내로 연습하도록 해주십시오. 더 오래 연습하면 학생에게 과도한 훈련처럼 느껴질 수 있으니 주의해 주십시오.

함께 하기   뺄셈 구구표를 최대한 빨리 채워봅시다.

-	0	1	2	3	4	5	6	7	8	9
0		1								
1					3					
2								9		
3										
4						1				
5									3	
6										
7										2
8										
9										

-	9	10	11	12	13	14	15	16	17	18
0										
1										
2	7									
3										
4			7							
5					8					
6	3									
7								9		
8		2				6				
9										

● 날   짜 : _____

● 합산 점수 : _____ / 100

● 걸린 시간 : _____

선생님

왼쪽의 뺄셈 식에 알맞은 뺄셈카드와 수직선카드를 찾아보세요.

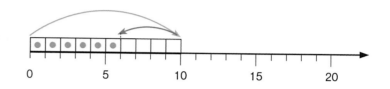

Guide 　 양면으로 구성된 뺄셈 식, 수직선카드를 잘라서 알맞은 것을 찾아보도록 해 주세요.
선생님과 학생이 함께 해도 좋고, 학생들끼리 카드를 활용하여 게임을 진행해도 좋습니다.

 선생님

여기 10-4카드가 있네요. 10-4는 얼마일까요?

6이요.

 하나

10-4카드에 알맞은 수직선을 찾아볼까?

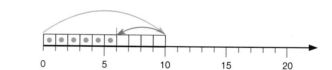

(수직선 카드 중에서 찾으면서)
이것처럼 10칸 갔다가 4칸 뒤로 돌아온 것이에요.

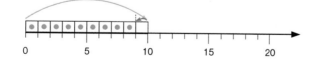

그럼 이 수직선에 알맞은 카드는 무엇일까?

(뺄셈 식 카드 중에서 찾으면서)
10-1카드예요.

선생님

뺄셈카드를 활용하여 여러 가지 활동을 해 봅시다.

| 4 |

| 5-1 | 6-2 | 7-3 | 9-4 |
| 8-4 | 9-5 | 7-4 | 5-3 |

Guide   부록에 있는 숫자카드, 덧셈카드를 각각 잘라서 알맞은 것을 찾아보도록 해 주세요.
선생님과 학생이 번갈아가면서 찾아도 되고, 여러 학생이 같이 게임해도 좋습니다.

선생님

여기 4 카드가 있네요.
빼서 4가 되는 뺄셈카드를 찾아보세요.

| 4 |

| 5-1 | 6-2 |
| 7-3 | 8-4 |

하나

이제 다른 방법으로도 분류해 봅시다.
여기 중앙의 카드를 뒤집은 뒤 더해서
4보다 작은 것은 왼쪽,
같은 것은 중앙,
큰 것은 오른쪽에 놓아 봅시다.

| 4 | |

숫자카드를 잠깐 보여주고 뒤집는다.

| 5-3 | | 5-1 | 6-2 | 8-4 | | 9-4 |

작은 것   같은 것   큰 것

선생님

다음과 같은 뺄셈카드를 찾아 줄에 매달아 봅시다.

| 6-1 | 6-2 | 6-3 | 6-4 |

Guide   빼는 수가 1씩 커지는 순서대로 뺄셈카드를 차례 차례 매달아 보도록 합니다.
뺄셈 식을 어려워하는 학생에게 연산식을 연속적으로 보고 말하도록 하는 것은 효과적입니다.
뺄셈 식을 매달아서 학생이 언제든 보고 연습할 수 있도록 도와주세요. '5-1, 4-1, 3-1'과 같이
1~10까지 숫자를 골고루 활용해서 경험해 보도록 도와주세요.

선생님

(5, 4, 3 답을 달아주면서) 다음과 같이 연속으로 매달려 있는 뺄셈 식을 읽어 봅시다.

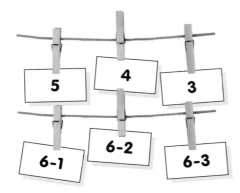

6-1=5, 6-2=4, 6-3=3 … (계속)

하나

선생님이 답을 모두 떼어 냈습니다.
연습을 충분히 했으니 뺄셈카드만 보고 식을 말해 보세요.

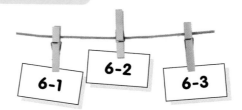

6-1=5, 6-2=4, 6-3=3 … (계속)

이번에는 모두 떼어 냈습니다. 연속되는 뺄셈카드를 찾아
차례대로 매달아 보고 뺄셈 식을 말해보세요.

이해하기 계산기를 활용하여 유창성 기르기

선생님

7에서 11이 되려면 얼마를 더하거나 빼야 될까요?

| 7 |

| 11 |

어떻게 알았나요?

4를 더해요!

하나

계산기로 1씩 더하면 8, 9, 10, 11이에요!

Guide 계산기에 숫자를 적어서 더하거나 빼서 다른 숫자로 만들도록 유도하면 좋다. 계산기만으로 덧셈과 뺄셈을 통합적으로 암산하는 방법으로 학생들의 유창성 훈련에 효과적이다.

함께 하기 계산기로 다음 문제를 풀어봅시다.

❶ 계산기를 활용하여
다음 수를 12로 만들어 보시오.

| 7 |

❷ 계산기를 활용하여
다음 수를 8로 만들어 보시오.

| 12 |

❸ 계산기를 활용하여
다음 수를 15로 만들어 보시오.

| 8 |

❹ 계산기를 활용하여
다음 수를 11로 만들어 보시오.

| 15 |

선생님

여기 있는 카드로 덧셈 식이나 뺄셈 식을 만들어 보세요.

| = | | - | | 8 | | + | | 3 | | 5 |

3+5=8이 돼요!

하나

| 3 | | + | | 5 | | = | | 8 |

카드를 조합하여 다른 식도 만들어 보세요.

5 + 3 = 8
8 - 3 = 5
8 - 5 = 3

Guide 부록에 있는 숫자카드, 등호카드를 각각 잘라서 알맞은 것을 찾아보도록 해 주세요.
숫자를 조합하여 덧셈 식도 되고, 뺄셈 식도 된다는 것을 알려주세요. 숫자카드로 조합한 결과는 적어주세요.
카페를 활용하여 연습문제를 풀어주세요.

함께 하기 카드를 조합하여 다양한 덧셈 식과 뺄셈 식을 만들어 봅시다.

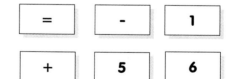

❶
| = | | - | | 9 |
| + | | 7 | | 2 |

___ + ___ = ___
___ + ___ = ___
___ - ___ = ___
___ - ___ = ___

❷
| = | | - | | 1 |
| + | | 5 | | 6 |

___ + ___ = ___
___ + ___ = ___
___ - ___ = ___
___ - ___ = ___

덧셈 삼각형 활용하기

준비물 : 덧셈삼각형카드(433-486)

선생님

12-4를 풀기 위해 생각할 덧셈은 무엇이 있을까요?

마루

4 + 8 =12요.

12-4=8, 12-8=4, 8+4=12를 덧셈 가족이라고 해요. 이 덧셈가족을 표현한 삼각형카드가 이거예요. 이 카드를 보면서 덧셈가족 3개를 다시 말해보세요.

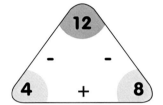

Guide 12를 삼각형 맨 위 꼭지점에 위치하게 해 주세요. 학생이 덧셈가족을 잘 익히게 되면 한쪽만 가리고 덧셈, 뺄셈 식을 완성하게 해주세요. 12를 가리고 4+8은 12, 8을 가리고 12-4는 8 이런 식으로 진행해 주세요. 계산 자신감 1권 '54쪽'을 참고하면 좋습니다.

함께 하기 덧셈가족을 완성한 후 해당되는 덧셈 삼각형카드를 찾아서 카드를 예시와 같이 3가지 방법으로 읽어보세요.

덧셈 가족	
예) 1+1=2 2-1=1 2-1=1	
1+2=3	3-1=2 3-2=1
1+3=4	4-1=3 4-3=1
1+4=5	5-1=4 5-4=1
1+5=6	6-5=1 6-1=5
1+6=7	7-1=6 7-6=1
1+7=8	8-1=7 8-7=1
1+8=9	9-1=8 9-8=1
1+9=10	10-1=9 10-9=1

덧셈 가족	
2+1=3	3-1=2 3-2=1
2+2=4	4-2=2 4-2=2
2+3=5	5-2=3 5-3=2
2+4=6	6-2=4 6-4=2
2+5=7	7-2=5 7-5=2
2+6=8	8-2=6 8-6=2
2+7=9	9-2=7 9-7=2
2+8=10	10-2=8 10-8=2
2+9=11	11-2=9 11-9=2

모범 답안

다. 수 세기

A단계		B단계	
C단계		D단계	
E단계			

라. 작은 덧셈

A단계		B단계	

마. 작은 뺄셈

A단계		B단계